工程质量——建造师的职业使命

日前，住建部发布了"工程质量治理两年行动方案"。两年行动方案的工作目标旨在通过治理行动，规范建筑市场秩序，落实工程建设五方主体项目负责人质量终身责任，遏制建筑施工违法发包、转包、违法分包及挂靠等违法行为多发势头，进一步发挥工程监理作用，促进建筑产业现代化快速发展，提高建筑从业人员素质，建立健全建筑市场诚信体系，使全国工程质量总体水平得到明显提升。

该方案中明确提出全面落实五方主体项目负责人质量终身责任。要求明确项目负责人质量终身责任。按照《建筑工程五方责任主体项目负责人质量终身责任追究暂行办法》（建质〔2014〕124 号）规定，建设单位项目负责人、勘察单位项目负责人、设计单位项目负责人、施工单位项目经理和监理单位总监理工程师在工程设计使用年限内，承担相应的质量终身责任。各级住房城乡建设主管部门要按照规定的终身责任和追究方式追究其责任；推行质量终身责任承诺和竣工后永久性标牌制度。要求工程项目开工前，工程建设五方项目负责人必须签署质量终身责任承诺书，工程竣工后设置永久性标牌，载明参建单位和项目负责人姓名，增强相关人员的质量终身责任意识；"两年行动"要求严格落实施工项目经理责任并切实落实好项目经理的质量安全责任；通过"两年行动"，将建立起建立项目负责人质量终身责任信息档案；同时对于项目负责人履责不到位的将加大质量责任追究力度。

工程质量是百年大计。尤其是在快速城市化进程中，质量更是凸显其重要性。

可以看出"两年行动"与建造师的职业生涯息息相关，对建造师的职业责任提出了明确的界定。明确了工程质量是建造师的终生责任。

建造师要勇敢承担起自己的职业使命。可以预见，"两年行动"将使建造师执业资格制度更加完善。

图书在版编目（CIP）数据

建造师 31 ／《建造师》编委会编．—北京：中国建筑工业出版社，2014.12
ISBN 978-7-112-17597-0

Ⅰ．①建… Ⅱ．①建… Ⅲ．①建筑师–资格考试–自学参考资料 Ⅳ．①TU

中国版本图书馆 CIP 数据核字 (2014) 第 290181 号

主　编：李春敏
责任编辑：曾　威
特邀编辑：李　强　吴　迪

《建造师》编辑部
地址：北京百万庄中国建筑工业出版社
邮编：100037
电话：（010）58934848
传真：（010）58933025
E-mail：jzs_bjb@126.com

建造师 31
《建造师》编委会　编
*
中国建筑工业出版社 出版、发行（北京西郊百万庄）
各地新华书店、建筑书店经销
北京中恒基业印刷有限公司排版
北京同文印刷有限责任公司印刷
*
开本：787×1092 毫米　1/16　印张：8¼　字数：270 千字
2014 年 12 月第一版　2014 年 12 月第一次印刷
定价：18.00 元
ISBN 978-7-112-17597-0
（26763）

CONT目

录 NTS

本社书籍可通过以下联系方法购买：

本社地址：北京西郊百万庄

邮政编码：100037

邮购咨询电话：

（010）88369855 或 88369877

《建造师》顾问委员会及编委会

住房和城乡建设部关于印发
《工程质量治理两年行动方案》的通知

建市 [2014] 130 号

各省、自治区住房城乡建设厅，直辖市建委，新疆生产建设兵团建设局：

为了规范建筑市场秩序，保障工程质量，促进建筑业持续健康发展，我部决定开展工程质量治理两年行动。现将《工程质量治理两年行动方案》印发给你们，请遵照执行。

中华人民共和国住房和城乡建设部

2014 年 9 月 1 日

工程质量治理两年行动方案

工程质量关系人民群众切身利益、国民经济投资效益、建筑业可持续发展。为规范建筑市场秩序，有效保障工程质量，促进建筑业持续健康发展，制定本行动方案。

一、工作目标

通过两年治理行动，规范建筑市场秩序，落实工程建设五方主体项目负责人质量终身责任，遏制建筑施工违法发包、转包、违法分包及挂靠等违法行为多发势头，进一步发挥工程监理作用，促进建筑产业现代化快速发展，提高建筑从业人员素质，建立健全建筑市场诚信体系，使全国工程质量总体水平得到明显提升。

二、重点工作任务

（一）全面落实五方主体项目负责人质量终身责任

1.明确项目负责人质量终身责任。按照《建筑工程五方责任主体项目负责人质量终身责任追究暂行办法》（建质 [2014]24 号）规定，建设单位项目负责人、勘察单位项目负责人、设计单位项目负责人、施工单位项目经理和监理单位总监理工程师在工程设计使用年限内，承担相应的质量终身责任。各级住房城乡建设主管部门要按照规定的终身责任和追究方式追究其责任。

2.推行质量终身责任承诺和竣工后永久性

标牌制度。要求工程项目开工前，工程建设五方项目负责人必须签署质量终身责任承诺书，工程竣工后设置永久性标牌，载明参建单位和项目负责人姓名，增强相关人员的质量终身责任意识。

3. 严格落实施工项目经理责任。各级住房城乡建设主管部门要按照《建筑施工项目经理质量安全责任十项规定》（建质[2014]123号）规定，督促施工企业切实落实好项目经理的质量安全责任。

4. 建立项目负责人质量终身责任信息档案。建设单位要建立五方项目负责人质量终身责任信息档案，竣工验收后移交城建档案管理部门统一管理保存。

5. 加大质量责任追究力度。对检查发现项目负责人履责不到位的，各地住房城乡建设主管部门要按照《建筑工程五方责任主体项目负责人质量终身责任追究暂行办法》和《建筑施工项目经理质量安全责任十项规定》规定，给予罚款、停止执业、吊销执业资格证书等行政处罚和相应行政处分，及时在建筑市场监管与诚信信息平台公布不良行为和处罚信息。

（二）严厉打击建筑施工转包违法分包行为

1. 准确认定各类违法行为。各级住房城乡建设主管部门要按照《建筑工程施工转包违法分包等违法行为认定查处管理办法》（建市[2014]118号）规定，准确认定建筑施工违法发包、转包、违法分包及挂靠等违法行为。

2. 开展全面检查。各级住房城乡建设主管部门要对在建的房屋建筑和市政基础设施工程项目的承发包情况进行全面检查，检查建设单位有无违法发包行为，检查施工企业有无转包、违法分包以及转让、出借资质行为，检查施工企业或个人有无挂靠行为。

3. 严惩重罚各类违法行为。各级住房城乡

建设主管部门对认定有违法发包、转包、违法分包及挂靠等违法行为的单位和个人，除依法给予罚款、停业整顿、降低资质等级、吊销资质证书、停止执业、吊销执业证书等相应行政处罚外，还要按照《建筑工程施工转包违法分包等违法行为认定查处管理办法》规定，采取限期不准参加招投标、重新核定企业资质、不得担任施工企业项目负责人等相应的行政管理措施。

4. 建立社会监督机制。各级住房城乡建设主管部门要加大政府信息公开力度，设立投诉举报电话和信箱，并向社会公布，让公众了解和监督工程建设参建各方主体的市场行为，鼓励公众举报发现的违法行为。对查处的单位和个人的违法行为及处罚结果一律在建筑市场监管与诚信信息平台公布，发挥新闻媒体和网络媒介的作用，震慑违法行为，提高企业和从业人员守法意识。

（三）健全工程质量监督、监理机制

1. 创新监督检查制度。各级住房城乡建设主管部门要创新工程质量安全监督检查方式，改变事先发通知、打招呼的检查方式，采取随机、飞行检查的方式，对工程质量安全实施有效监督。进一步完善工程质量检测制度，加强对检测过程和检测行为的监管，坚决依法严厉打击虚假检测报告行为。

2. 加强监管队伍建设。各级住房城乡建设主管部门要统筹市场准入、施工许可、招标投标、合同备案、质量安全、行政执法等各个环节的监管力量，建立综合执法机制，在人员、经费、设备等方面提供充足保障，保持监管队伍的稳定，强化监管人员的业务技能培训，全面提高建筑市场和工程质量安全监督执法水平。

3. 突出工程实体质量常见问题治理。各级住房城乡建设主管部门要采取切实有效措施，从房屋建筑工程勘察设计质量和住宅工程质量常见问题治理入手，狠抓工程实体质量突出问

题治理，严格执行标准规范，积极推进质量行为标准化和实体质量管控标准化活动，落实建筑施工安全生产标准化考评制度，全面提升工程质量安全水平。

4.进一步发挥监理作用。鼓励有实力的监理单位开展跨地域、跨行业经营，开展全过程工程项目管理服务，形成一批全国范围内有技术实力、有品牌影响的骨干企业。监理单位要健全质量管理体系，加强现场项目部人员的配置和管理，选派具备相应资格的总监理工程师和监理工程师进驻施工现场。对非政府投资项目的监理收费，建设单位、监理单位可依据服务成本、服务质量和市场供求状况等协商确定。吸引国际工程咨询企业进入我国工程监理市场，与我国监理单位开展合资合作，带动我国监理队伍整体水平提升。

（四）大力推动建筑产业现代化

1.加强政策引导。住房城乡建设部拟制定建筑产业现代化发展纲要，明确发展目标：到2015年底，除西部少数省区外，全国各省（区、市）具备相应规模的构件部品生产能力；新建政府投资工程和保障性安居工程应率先采用建筑产业现代化方式建造；全国建筑产业现代化方式建造的住宅新开工面积占住宅新开工总面积比例逐年增加，每年比上年提高2个百分点。各地住房城乡建设主管部门要明确本地区建筑产业现代化发展的近远期目标，协调出台减免相应税费、给予财政补贴、拓展市场空间等激励政策，并尽快将推动引导措施落到实处。

2.实施技术推动。各级住房城乡建设主管部门要及时总结先进成熟、安全可靠的技术体系并加以推广。住房城乡建设部组织编制建筑产业现代化国家建筑标准设计图集和相关标准规范；培育组建全国和区域性研究中心、技术标准人员训练中心、产业联盟中心，建立通用种类和标准规格的建筑部品构件体系，实现工程设计、构件生产和施工安装标

准化。各地住房城乡建设主管部门要培育建筑产业现代化龙头企业，鼓励成立包括开发、科研、设计、构件生产、施工、运营维护等在内的产业联盟。

3.强化监管保障。各级住房城乡建设主管部门要在实践经验的基础上，探索建立有效的监管模式并严格监督执行，保障建筑产业现代化健康发展。

（五）加快建筑市场诚信体系建设

各地住房城乡建设主管部门要按照《全国建筑市场监管与诚信信息系统基础数据库管理办法》和《全国建筑市场监管与诚信信息系统基础数据库数据标准》（建市[2014]108号）总体要求，实施诚信体系建设。在2014年底前，具备一定条件的8个省、直辖市要完成本地区工程建设企业、注册人员、工程项目、诚信信息等基础数据库建设，2015年6月底前再完成10个省、直辖市，2015年底前各省、自治区、直辖市要完成省级建筑市场和工程质量安全监管一体化工作平台建设。实现全国建筑市场"数据一个库、监管一张网、管理一条线"的信息化监管目标。

（六）切实提高从业人员素质

1.进一步落实施工企业主体责任。各级住房城乡建设主管部门要按照《关于进一步加强和完善建筑劳务管理工作的指导意见》（建市[2014]112号）要求，指导和督促施工企业，进一步落实在工人培养、权益保护、用工管理、质量安全管理等方面的责任。施工企业要加快培育自有技术工人，对自有劳务人员的施工现场用工管理、持证上岗作业和工资发放承担直接责任；施工总承包企业要对所承包工程的劳务管理全面负责。施工企业要建立劳务人员分类培训制度，实行全员培训、持证上岗。

2.完善建筑工人培训体系。各级住房城乡建设主管部门要研究建立建筑工人培训信息公开机制，健全技能鉴定制度，探索建立与岗位

工资挂钩的工人技能分级管理机制，提高建筑工人参加培训的主动性和积极性。督促施工企业做好建筑工人培训工作，对不承担建筑工人培训主体责任的施工企业依法实施处罚。加强与相关部门的沟通协调，积极争取、充分利用政府财政经费补贴，培训建筑业从业人员，大力培育建筑产业工人队伍。

3. 推行劳务人员实名制管理。各级住房城乡建设主管部门要推行劳务人员实名制管理，推进劳务人员信息化管理，加强劳务人员的组织化管理。

三、工作计划

（一）动员部署阶段（2014年9月）

2014年9月上旬，住房城乡建设部召开全国工程质量治理两年行动电视电话会议，动员部署相关工作。2014年9月中、下旬，各地住房城乡建设主管部门按照本方案制订具体实施方案，全面动员部署治理行动。各省、自治区、直辖市住房城乡建设主管部门要在10月1日前将实施方案报住房城乡建设部。

（二）组织实施阶段（2014年10月—2016年6月）

各地住房城乡建设主管部门要按照本行动方案和本地具体实施方案，组织开展治理行动。重点对在建的房屋建筑和市政基础设施工程的承发包情况、质量责任落实情况进行全面检查，市、县住房城乡建设主管部门每4个月对本辖区内在建工程项目全面排查一次，各省、自治区、直辖市住房城乡主管部门每半年对本地的工程项目进行一次重点抽查和治理行动督导检查，住房城乡建设部每半年组织一次督查。

（三）总结分析阶段（2016年7月—8月）

各级住房城乡建设主管部门对治理行动开展情况进行总结分析，研究提出建立健全长效机制的意见和建议，形成工作总结报告。

四、保障措施

（一）加强领导，周密部署

各地住房城乡建设主管部门要提高对治理行动的认识，加强组织领导，落实责任，精心安排，认真部署，成立治理行动领导小组，针对本地区的实际情况，制定切实可行的工作方案，明确治理行动的重点、步骤和要求，并认真组织实施。

（二）落实责任，强化层级监督

省级住房城乡建设主管部门要加强对市、县治理行动的领导和监督，建立责任追究制度，对工作不力、存在失职渎职行为的，要及时予以通报批评、严格追究责任；对工作突出、成效显著的地区和个人要进行表扬，并总结推广成功经验。住房城乡建设部将定期汇总各地开展治理行动的情况，并予以通报。

（三）积极引导，加大舆论宣传

各级住房城乡建设主管部门要充分利用报刊、广播、电视、网络等多种形式，对治理行动的重要意义、进展情况以及取得的成效，进行多层面、多渠道、全方位广泛宣传，用客观的情况、准确的信息向社会传递和释放正能量，营造有利于治理行动的强大舆论氛围。同时，充分发挥行业协会在加强企业自律、树立行业标杆、制定技术规范、推广先进典型等方面的作用。⑤

住房和城乡建设部关于
进一步推进工程造价管理改革的指导意见

建标〔2014〕142号

各省、自治区住房城乡建设厅，直辖市建委，国务院有关部门，总后基建营房部工程管理局：

近年来，工程造价管理坚持市场化改革方向，完善工程计价制度，转变工程计价方式，维护各方合法权益，取得了明显成效。但也存在工程建设市场各方主体计价行为不规范，工程计价依据不能很好满足市场需要，造价信息服务水平不高，造价咨询市场诚信环境有待改善等问题。为完善市场决定工程造价机制，规范工程计价行为，提升工程造价公共服务水平，现就进一步推进工程造价管理改革提出如下意见。

中华人民共和国住房和城乡建设部
2014年9月30日

一、总体要求

（一）指导思想

深入贯彻落实党的十八大、十八届三中全会精神和党中央、国务院各项决策部署，适应中国特色新型城镇化和建筑业转型发展需要，紧紧围绕使市场在工程造价确定中起决定性作用，转变政府职能，实现工程计价的公平、公正、科学合理，为提高工程投资效益、维护市场秩序、保障工程质量安全奠定基础。

（二）主要目标

到2020年，健全市场决定工程造价机制，建立与市场经济相适应的工程造价管理体系。完成国家工程造价数据库建设，构建多元化工程造价信息服务方式。完善工程计价活动监管机制，推行工程全过程造价服务。改革行政审批制度，建立造价咨询业诚信体系，形成统一开放、竞争有序的市场环境。实施人才发展战略，培养与行业发展相适应的人才队伍。

二、主要任务和措施

（三）健全市场决定工程造价制度

加强市场决定工程造价的法规制度建设，加快推进工程造价管理立法，依法规范市场主体计价行为，落实各方权利义务和法律责任。全面推行工程量清单计价，完善配套管理制度，为"企业自主报价，竞争形成价格"提供制度保障。细化招投标、合同订立阶段有关工程造价条款，为严格按照合同履约工程结算与合同价款支付夯实基础。

按照市场决定工程造价原则，全面清理现有工程造价管理制度和计价依据，消除对市场主体计价行为的干扰。大力培育造价咨询市场，充分发挥造价咨询企业在造价形成过程中的第三方专业服务的作用。

（四）构建科学合理的工程计价依据体系

逐步统一各行业、各地区的工程计价规则，以工程量清单为核心，构建科学合理的工程计价依据体系，为打破行业、地区分割，服务统一开放、竞争有序的工程建设市场提供保障。

完善工程项目划分，建立多层级工程量清单，形成以清单计价规范和各专（行）业工程量计算规范配套使用的清单规范体系，满足不同设计深度、不同复杂程度、不同承包方式及不同管理需求下工程计价的需要。推行工程量清单全费用综合单价，鼓励有条件的行业和地区编制全费用定额。完善清单计价配套措施，推广适合工程量清单计价的要素价格指数调价法。

研究制定工程定额编制规则，统一全国工程定额编码、子目设置、工作内容等编制要求，并与工程量清单规范衔接。厘清全国统一、行业、地区定额专业划分和管理归属，补充完善各类工程定额，形成服务于从工程建设到维修养护全过程的工程定额体系。

（五）建立与市场相适应的工程定额管理制度

明确工程定额定位，对国有资金投资工程，作为其编制估算、概算、最高投标限价的依据；对其他工程仅供参考。通过购买服务等多种方式，充分发挥企业、科研单位、社团组织等社会力量在工程定额编制中的基础作用，提高工程定额编制水平。鼓励企业编制企业定额。

建立工程定额全面修订和局部修订相结合的动态调整机制，及时修订不符合市场实际的内容，提高定额时效性。编制有关建筑产业现代化、建筑节能与绿色建筑等工程定额，发挥定额在新技术、新工艺、新材料、新设备推广应用中的引导约束作用，支持建筑业转型升级。

（六）改革工程造价信息服务方式

明晰政府与市场的服务边界，明确政府提供的工程造价信息服务清单，鼓励社会力量开展工程造价信息服务，探索政府购买服务，构建多元化的工程造价信息服务方式。

建立工程造价信息化标准体系。编制工程造价数据交换标准，打破信息孤岛，奠定造价信息数据共享基础。建立国家工程造价数据库，开展工程造价数据积累，提升公共服务能力。制定工程造价指标指数编制标准，抓好造价指标指数测算发布工作。

（七）完善工程全过程造价服务和计价活动监管机制

建立健全工程造价全过程管理制度，实现工程项目投资估算、概算与最高投标限价、合同价、结算价政策衔接。注重工程造价与招投标、合同的管理制度协调，形成制度合力，保障工程造价的合理确定和有效控制。

完善建设工程价款结算办法，转变结算方式，推行过程结算，简化竣工结算。建筑工程在交付竣工验收时，必须具备完整的技术经济资料，鼓励将竣工结算书作为竣工验收备案的文件，引导工程竣工结算按约定及时办理，遏制工程款拖欠。创新工程造价纠纷调解机制，鼓励联合行业协会成立专家委员会进行造价纠纷专业调解。

推行工程全过程造价咨询服务，更加注重工程项目前期和设计的造价确定。充分发挥造价工程师的作用，从工程立项、设计、发包、施工到竣工全过程，实现对造价的动态控制。

发挥造价管理机构专业作用，加强对工程计价活动及参与计价活动的工程建设各方主体、从业人员的监督检查，规范计价行为。

（八）推进工程造价咨询行政审批制度改革

研究深化行政审批制度改革路线图，做好配套准备工作，稳步推进改革。探索造价工程师交由行业协会管理。将甲级工程造价咨询企业资质认定中的延续、变更等事项交由省级住房城乡建设主管部门负责。

放宽行业准入条件，完善资质标准，调整乙级企业承接业务的范围，加强资质动态监管，强化执业责任，健全清出制度。推广合伙制企业，鼓励造价咨询企业多元化发展。

加强造价咨询企业跨省设立分支机构管理，打击分支机构和造价工程师挂靠现象。简化跨省承揽业务备案手续，清除地方、行业壁垒。简化申请资质资格的材料要求，推行电子化评审，加大公开公示力度。

（九）推进造价咨询诚信体系建设

加快造价咨询企业职业道德守则和执业标准建设，加强执业质量监管。整合资质资格管理系统与信用信息系统，搭建统一的信息平台。依托统一信息平台，建立信用档案，及时公开信用信息，形成有效的社会监督机制。加强信息资源整合，逐步建立与工商、税务、社保等部门的信用信息共享机制。

探索开展以企业和从业人员执业行为和执业质量为主要内容的评价，并与资质资格管理联动，营造"褒扬守信、惩戒失信"的环境。鼓励行业协会开展社会信用评价。

（十）促进造价专业人才水平提升

研究制定工程造价专业人才发展战略，提升专业人才素质。注重造价工程师考试和继续教育的实务操作和专业需求。加强与大专院校联系，指导工程造价专业学科建设，保证专业人才培养质量。

研究造价员从业行为监管办法。支持行业协会完善造价员全国统一自律管理制度，逐步统一各地、各行业造价员的专业划分和级别设置。

三、组织保障

（十一）加强组织领导

各级住房城乡建设主管部门要充分认识全面深化工程造价管理改革的重要性，解放思想，调动造价管理机构积极性，以问题为导向，制定实施方案，完善支撑体系，落实各项改革措施，整体推进造价管理改革不断深化。

（十二）加强造价管理机构自身建设

以推进事业单位改革为契机，进一步明确造价管理机构职能，强化工程造价市场监管和公共服务职责，落实工作经费，加大造价专业人才引进力度。制定工程造价机构管理人员专业知识培训计划，保障造价管理机构专业水平。

（十三）做好行业协会培育

充分发挥协会在引导行业发展、促进诚信经营、维护公平竞争、强化行业自律和人才培养等方面的作用，加强协会自身建设，提升为造价咨询企业和执业人员服务能力。⑤

员工持股制度的特点及其实践问题

余 菁

（中国社会科学院工业经济研究所，北京　100836）

员工持股制度，在我国已经有二十余年的实践历程，期间经历了数次政策导向上的反复。十八届三中全会提出，允许混合所有制经济实行企业员工持股，形成资本所有者和劳动者利益共同体。根据这一政策精神，员工持股有望成为未来一段时期我国企业制度创新的一个方向。本文着重论述员工持股制度的特点，并据此回答已有实践中积累的一些争议性或困惑性问题。

一、什么是员工持股制度？

在美国，员工持股被定义为一种员工福利制度。我国与美国的情况不一样，员工持股，在我国情境下，更多的是一种激励制度，它的主要制度性质，不是也不应该成为一种员工福利制度。同时，员工持股，也不仅仅是一种激励制度，它更是一种约束性的制度安排，在我国情境下，它有促进企业民主监督管理和改善公司治理的制度功能。

有人将员工持股计划混同于利润分享计划，这种观点也是不对的。有的企业除了实行员工持股制度，给持股员工提供分红收益外，也同时实行利润分享制度，每年从企业利润中拿出一定比例，比如，拿出利润的2%~3%的份额，发放给管理层或全体员工作为绩效奖励。因此，员工持股和利润分享，是两种并行不悖的激励制度。

与其他激励制度相比，员工持股制度，通常被认为对员工有更长期的激励作用。有观点认为，员工持股是一种促使员工与企业之间的合作关系更加趋于稳定的制度安排。不少企业在实行员工持股制度后，其员工队伍都表现出更加稳定的特点。尤其是在那些员工流动率本来就高的新兴行业，员工持股可能是帮助稳定员工队伍的一个有效手段。不过，对一个企业而言，适度的员工流动和人力资本的更新换代，是有利于企业发展的；员工绝对不流动，可能和员工的高流动率一样，都不见得对企业发展有利。因此，员工持股制度，应该起到这样的作用——它既能够稳定那些公司需要稳定的员工，但同时，又要给那些需要流动起来的员工留出足够的自由行动空间。

员工持股计划，作为一种激励制度，它重在激励那些对企业有潜在人力资本贡献的员工。这种思想对应的是"激励相容"的操作原则，对企业的人力资本贡献越大的员工，应该持有越多的公司股份；反之，对企业的人力资本贡献越小的员工，应该持有越少的公司股份。正是基于这种思想，有不少员工持股计划要求，员工在离开企业时，将所持有的股份退出来。一些有意推行员工持股计划的企业，不缺钱，而是缺人才，他们认为，对企业长期发展而言，人力资本比其他资本要素来得更为重要，为此，这些企业倾向于接受员工股东，反对引入财务性投资者。

在员工持股实践中，没有放之四海皆准的

最优制度安排。具体到实践层面，不同类型的企业在推行员工持股时，所要解决的问题，往往不太一样。因此，在实际操作时，员工持股，会有各种各样的实现形式。有的员工持股制度侧重于保障绝大多数的员工的参与和收益，重在强化全体员工对公司的归属感；有的员工持股制度，侧重于保障少数骨干或关键性员工的参与和收益，更加突出这一制度的激励意义。从持股的员工角度看，他们对同一持股行为，也可能会产生不同的认知心理。有时，持股行为会显著增加一些持股员工对公司的认同感和工作积极性；而同样的持股行为，在另一些持股员工眼中，却可能显得平淡无味。持股员工的心理变化，还可能受到与其他持股员工情况的攀比的影响。正是因为参与员工持股方案的人们有复杂多样的特点，因此，企业层面的员工持股实践，才显得如此丰富多彩。

无论是什么样的员工持股制度，要努力确保其成功实践，至少应该符合以下几个要求：一是重视分红。分红，是员工通过持股而参与分享自己创造出来的企业增量价值的主要途径。好的员工持股计划，往往配套有连续性的分红安排。二是注重员工民主管理，尤其是持股员工要积极参与企业治理。持股员工，不应该是消极股东。成功实行员工持股的企业，会有相应的机制，来保障员工意志与利益诉求更好地体现在公司决策层面。例如，华为公司规定，每一个目前受雇于华为的持股员工都有权选举和被选举为股东代表。有国有企业改制时实行了全员参与的持股计划，随后，在企业内部出现了全员监督的现象，大家共同努力来帮助控制企业成本。以前，员工短途出差，会打车、叫专车，现在，改成坐火车，或者几个人一起拼车。这就是产权制度变化给员工行为带来影响的例证。三是妥善处置退股规则。有的企业推行员工持股，顾头不顾尾，只管持股，轻视退股环节的问题，这种做法是短视的。这些企业，在员工持股、投资入股时，皆大欢喜，退股时却怨声载道——这种情况要避免出现。

作为一种激励与约束性的制度安排，员工持股制度有其有限的适用性问题。一方面，有的企业，不需要或不应该推行员工持股制度。比如，初创阶段的小微企业，主要依靠个别创始人来推动发展，不需要搞员工持股。再如，垄断行业的企业，其企业绩效与员工努力的相关性不显著，难以识别和界定，也不应该推行员工持股，否则，有搞成利益输送的嫌疑。另一方面，员工持股，有它的制度门槛，不是说任何企业想推行都能够成功的。像国有企业推行员工持股，需要这类企业有一定的人力资源基础条件和有较强的市场化竞争能力，而且通常是要在特定的经营环境压力下，才能尝试推行员工持股制度。不具备一定前提条件的企业，在实际操作中，会遇到很多问题，如果处理不当，不仅员工持股的正向激励作用发挥不出来，还可能破坏企业原有的和谐奋进的发展局面，致使企业或相关利益主体反受其害。

二、什么时候应该推行员工持股？

在企业实践中，企业领导人可能会感觉似乎应该尝试员工持股了，或者已经感觉到推行员工持股可能会改善企业经营情况，但对具体怎么推行，企业领导人又心存诸多疑虑，担忧操作不当，适得其反或弊大于利，从而迟迟难以动作。那么，到底在什么情况下，企业应该推行员工持股？概括地讲，推行员工持股制度，根本目的是为了帮助企业解决经营管理或公司治理上面临的具体问题，而不同的企业所要解决的实际问题，往往不太一样。

（一）民营企业与国有企业的不同特点

一般而言，推行员工持股的民营企业，其经营业绩水平会相对较好，未来盈利前景也相对好——如果一个盈利前景非常差的民营企业，它的股权对员工的吸引力太弱，也就不可能推行员工持股；而推行员工持股的国有企业，其未来的盈利前景往往具有较大的不确定性——如果一个盈利前景非常好的国有企业推行员工持股，容易有国有资产流失的嫌疑。

具体讲，如果一个民营企业在快速发展过程中，面对稳定员工队伍的较大压力，同时，有种种迹象表明，如果允许不太稳定的骨干员工持股，这种做法有助于增强他们对公司的归属感和认同感，在上述情况下，这个民营企业就应该认真研究员工持股的可能方案了。对此，在访谈一位民营企业老总时，他谈到："对我们这种说大不大、说小不小的企业，很多员工都是观望态度，你给的多，他付出的多，你给的少，他付出的少。这样的员工进入重要岗位后，仍然是公司的不稳定因素，仍然有可能离职。而在中高层岗位，这样的员工，要是离开，会对公司影响很大。为了稳定这一批员工，我们决定搞员工持股。"如果民营企业的员工队伍比较稳定，这就意味着，无需通过员工持股，而通过其他途径和手段，已经能够解决员工激励与满意度问题了。如果员工队伍不稳定，但他们没有明确的持股要求或其利益诉求难以通过持有公司股份来解决，此时，也不应该冒然地推行员工持股，否则，反而可能激化矛盾。

对国有企业而言，其员工队伍的稳定性，普遍要比民营企业高，但国有企业制度的一个局限性是，激励员工的制度手段相对有限。在盈利前景预期较好的领域发展时，国有企业可以通过增加其他方面的手段来激励员工，无需触及敏感的产权问题。不过，在盈利前景具有不确定性的那些领域，公司业务的发展，在很大程度上取决于员工个人努力，此时，其他激励手段的作用非常有限，在这种情况下，国有企业就可以考虑引入员工持股制度了。在实践中，有一些例子是濒临经营困境、盈利前景极不乐观的老国有企业通过实施改制和员工持股，扭亏为盈，重新回复到正常发展的轨道上；在为数更多的成功推行员工持股的例子中，改制主体通常是那些历史遗留问题少和市场化条件相对成熟的国有企业。

（二）与员工入股方式有关的几个问题

（1）应不应该现金入股？在实际操作中，有给干股的做法，也有送股的做法。原则上讲，应该倡导员工现金入股，按照公司资产评估后的市场价格，进行公平交易。规模小的公司，为避免额外的资产评估费用，可以由原股东和拟入股的员工就持股价格协商一致。之所以强调现金入股，就是因为，员工用于入股的真金白银，在一定程度上，能够起到一个类似风险保证金的作用，促使员工利益与公司利益更加紧密地结合在一起。有的企业在员工现金入股后，只采用内部协议方式约定员工的股东权益，而不履行工商变更等法律手续，从长期可持续性的角度看，还是应该不厌其烦，严格按照市场交易规则来规范操作。

（2）允不允许员工通过借贷来入股？原则上讲，员工持有股份的数量，应该尽可能跟员工的实际支付能力相匹配，避免给员工个人生活造成太大的负担与压力。公司应该有一个可持续的员工持股计划，不能搞成错过这个村就没这个店的"一锤子买卖"。那些应持有相对较大比例股份的高级管理人员或骨干员工，可以通过分几个阶段、不断增持的方式，来逐步达到他们理想的持股比例。如果是一家国有企业在推行员工持股时，在处理员工、特别是公司高管以借贷方式购入大比例的股权时，尤其需要慎重。要坚持市场公平和公开交易的原则，不能出现类似于"蛇吞象"、"以小博大"和"空手道"的负面问题。

（3）员工入股时，是采用向原有股东购买股份的方式好，还是采用增资方式好？这个问题，没有标准答案。如果公司原有股东持股比例高且有变现的意愿，可以采用向原有股东购买股份的方式。如果公司经营活动中相对缺钱，可以采用增资的方式。

（4）是由员工以自然人身份持股好，还是设立员工持股会或一个专门的员工持股公司好？如果参与持股的员工人数不超过十人，显然，员工以自然人身份持股，更有助于准确地表达持股员工个人的利益诉求。当持股员工人数达到十数人、甚至数十人、数百人时，可以考虑设立专门的员工持股机构，以降低因股东人数过多而带来的高昂的治理成本。

三、与股权结构设置有关的问题

股权结构设计，这是员工持股方案的一个核心问题。恰当的股权结构安排，与企业规模及产业技术特点、企业领导人员的能力及管理风格等因素有很强的相关性。一般而言，如果一个民营企业的股权结构呈现出"一股独大"特征，这个企业可以尝试小范围的员工持股，推动公司治理从极少数人参与向相对大范围一点的关键员工集体参与的公司治理转变。如果一个公司的股权结构相对分散，大股东占股优势不显著且有多个中小股东的公司，这个公司可以尝试相对大一些范围的员工持股。通常，一个公司从"一股独大"的股权结构转变成为一个相对大范围的员工持股结构，会需要一个相对长的时间过程，否则，公司治理成本可能迅速上升，这种情况，会对那些拥有公司实质性控制权的内部高管构成挑战，他们需要拥有对公司较强的实际掌控能力。国有企业在改制过程中推行员工持股时，会面临这种挑战。一种比较理想的股权结构是，由原国有股东持有一半左右的公司股份，而众多员工持有另外一半左右的公司股份，两方面的股东力量相互制衡，有助于将整个公司治理成本控制在合理水平上。

（一）小企业

小企业，一般适应于相对简单的公司治理结构。小企业，通常只需要对企业生存与发展

起决定性作用的少数关键员工与企业形成比较稳定的利益关系。太复杂的多股东参与的公司治理结构，对小企业而言，就像"小马拉大车"，可能得不偿失，费力不讨好。

初创期的小微企业，在推行员工持股时，应该适当坚持"一股独大"的方针。这类企业，其创始股东在早期创业阶段的公司的治理体制中居于中心地位，用不着搞全体员工普遍参与的持股计划。如果推行部分员工持股，通常也是在初创股东个人意志与管理偏好绝对主导下的、有针对性地邀请少数骨干员工的持股计划。此时，应该让对公司生存与发展起决定性作用的创始人股东或正在主导公司方向的企业最高领导人，成为大股东，拥有企业的最高权威和绝对的话语权。

从实践情况看，由企业最高领导人或创始股东主导的引入员工持股，通常会经历几个发展阶段：第一阶段，创始股东占有绝大多数股份，如控股 80%~90%，而只用 10%~20% 左右的股份与少数几位骨干员工分享收益。第二阶段，创始股东保持绝对控股地位，如控股 50%~80%，而用其余的股份与十数位或数十位需要调动其积极性的员工分享。第三阶段，创始股东保持相对控股，不少于 30%，这时候，创始股东通常已退居二线，将公司经营管理事务的主要权责分摊给其他管理层了。

有的企业在设立之初，就形成了几位创始人共同治理的局面，几位创始股东的股权比例大体相当，各位创始股东也各自负责公司某一方面的业务经营或管理事务。这种结构，在企业成长前期阶段，对于集合不同的人力资本来实现企业发展是有益的，但伴随企业成长，这种集中度不够高的股权结构，蕴藏了较高的不稳定的风险。即使是一个公司已经从中小企业成长为中大型企业了，那么，除非公司已经在不同股东之间形成了民主议事的良好传统和信任机制，否则，它也不要轻易改变"一股独大"

的股权结构。更重要的是，一股独大的大股东主体应该拥有对公司的实质性控股权。否则，就容易出现像雷士照明的情况。雷士照明公司的创始人兼最高领导人吴长江曾经因为与公司曾经的大股东不和，而被迫辞去公司董事长职位；近日，又再次暴露出来了与公司目前的大股东德豪润达之间的纷争，被董事会罢免了其公司CEO职务。

有些国有中小企业在改制时，采用的是员工购买股权的做法，公司股权相对分散在众多员工手中。这些企业中，有的一直维持高度分散的员工持股结构，企业领导人的持股比例也很低、激励不足，持股员工的"搭便车"心理普遍，最终使企业陷入了公司治理与经营管理危机。相反，另一些企业在后来发展的过程中，企业领导人逐渐购买了高度分散的员工股，重新形成了集中控制的股权结构。后一类企业中，有的企业发展势头也很好。

（二）大企业

大企业与小企业不同，它们在推行员工持股时，推动员工的劳动者角色与投资者角色合而为一时，应该坚持"广泛参与"、"相对均衡"又"突出重点"的方针。

（1）"广泛参与"，是指大企业拥有数量众多的员工，应该尽可能创造条件，让每一位员工都有参与持有公司股份的选择权。具体到员工个人，有的员工愿意和企业建立相对稳定的关系，他们的持股意愿相对强烈；有的员工则会有另外的考虑。这是很正常的状态。关键是，大企业搞员工持股，应该让每一位员工有参与的机会。有一家民营企业让有五年工龄的保洁阿姨也持有了公司股份，虽然股数很少，但员工的归属感和自豪感是油然而生的。与广泛参与相关的一个问题是，由于大企业总要保持一定的员工流动率，在这种情况下，针对那些随时准备离开公司的员工的退股安排，就显得非常重要。上市公司在处理持股员工退出方面，条件比较有利；未上市的企业，也应该有预先安排，以缓解员工参与持股时的顾虑。

（2）"相对均衡"，是指大企业在众多员工之间分配股权份额时，总是要去寻找一种恰当的分配架构，对不同持股人之间的差序化的利益结构进行有效平衡。很多企业在推行员工持股时，完全参照现有的岗位层级来确定公司股份在员工群体中的分配原则；也有企业也会考虑员工职级之外的能力贡献、工龄等方面的因素。由于中国人有"不患寡，而患不均"的思维，因此，平衡不同持股员工群体或个人之间的利益关系，这是股权结构设置中最难的问题。正确的操作思路是，应该努力确保那些资历与职级、贡献相近的员工，有相接近的持股数量。

在考虑员工们的入职时间不等这个因素后，平衡利益会变得更加困难。有的企业在实施员工持股计划时，有为日后进入企业的新员工预留股份的考虑；或者会不断推出新的持股计划，吸收新员工入股。通常，最早进入公司的员工，持股量会较大；后进入公司的员工，持股量会较小。有的后进入公司的中高层管理人员，他们的持股数量反而不如先进入公司的一些相对低职位的员工的持股数量多。这种情况，容易导致后进入的高层员工或骨干员工的心态失衡。另外，有些先进入公司、先持股的员工，持股后，他们的人力资本对企业持续成长的贡献反而不那么显著了，甚至呈现下降趋势。如果完全按照市场规则优胜劣汰，有的员工都应该离开企业了，但因为是持股的员工，反而阻碍了这些员工离开，影响了企业人员的更新换代。在面对上述问题时，有的企业更尊重资本规则，尊重因历史原因导致的员工持股比例差异及由此造成的收入差异与员工贡献不对等的事实。也有的企业用"动态平衡"的思想来应对上述问题，结合员工的绩效表现，定期对股权份额在员工中分配的（下转第109页）

对民营企业"走出去"的几点思考

邹 蕴 涵

（国家信息中心经济预测部，北京 100045）

摘 要: 在"走出去"的战略指导下，近些年来，我国民营企业逐步走出国门，开始对外直接投资。相比于国有企业而言，民营企业在产权安排和激励机制上更明确、更接近市场经济的要求，也更有效率。目前，我国民营企业"走出去"主要集中在商品流通类的贸易产业上，缺乏对高新技术产业和生产类产业的投资。在未来的发展中，从产业选择到区位选择，我国民营企业还有很多可以突破的领域，最终成为我国"走出去"战略的主导力量。

关键词: 民营企业；走出去；投资；风险

一、引言

随着改革开放的深入展开，我国经济中民营企业的力量迅速壮大，在国民经济的发展中发挥了重要作用，成为经济增长的主要推动力之一。民营企业天然优于国有企业的产权结构和设置让民营企业在经济大潮中更有效率、更灵活、更富于冒险精神。在"走出去"的战略指引下，已经有民营企业参与到对外直接投资的浪潮中，并产生了不少超乎预期的投资效果。因此，民营企业走出去成为国家"走出去"战略中非常重要的组成部分。

与民营企业相比，国有企业在体量、政策扶持等诸多方面享有优势，因此成为现阶段"走出去"战略中最主要的力量。但是在走出去的过程中，产生了一系列问题，国有企业对外直接投资表现出投资量大、效率低、亏损大的特点。

探其缘由，根本原因在于国有企业制度缺失：产权不明晰，制度安排无效率，没有应有的制度约束和激励相容机制。在走出去的过程

中，国有企业在其他经济活动中同样存在的制度缺失问题在此展示得更为淋漓尽致。笔者认为这是国有企业天然的问题。

二、民营企业"走出去"的现状

截至 2012 年年底，中国海外资产规模最大的 47 家央企在海外的资产总规模合计达 3.8 万亿，占全国最大的 100 家跨国公司海外资产总额的 85%。与此同时，华为完成对比利时硅光技术开发商的并购；万向集团完成对美国最大锂电池制造商 A123 系统公司的收购；万达集团投入 7 亿英镑在伦敦投资建设酒店；双汇以 71 亿美元成功完成对全球最大的猪肉加工商及生猪养殖商的收购，这是中国企业在美国最大的单笔交易；绿地集团宣布以 50 亿美元投资纽约布鲁克林的大西洋广场地产项目，这是中国房企迄今为止在美最大的一笔投资。中国民营企业正加快步伐参与到对外直接投资中去。

（一）民营企业"走出去"的优势

与国有企业相比，民营企业在"走出去"

的过程中存在两大优势。第一就是制度较为健全。投资人的行事目标是利润最大化，产权安排明细，利益约束和激励机制明确。这样的制度安排更接近市场经济的要求，自然更具有效率。

民营企业第二个优势在于其非国有的身份。历史经验告诉我们，国有企业在对外直接投资中，更容易因为"国有"的身份引起投资东道国的特别注意，接受更为严苛的审查。这是将投资行为与政治行为相联系的结果。民营企业就不存在这个问题。所以在对外直接投资中，民营企业可能面临更有利的投资环境。

（二）目前民营企业的投资领域和投资区域

目前总体说来，我国民营企业对外投资的领域主要集中在进出口贸易、简单加工等。近几年逐步拓展至资源开发、承包工程、生产制造等领域。投资区域主要集中于欧美、港澳等发达国家和地区，近几年逐步扩展至非洲等发展中国家。海尔、华为、新希望等公司都是其中的佼佼者。应该说，在"走出去"的大潮中，民营企业依靠自身制度优势，走出了一条不同于国有企业的光明大道。

（三）目前民营企业发展战略的转变

正如前文所说，目前我国民营企业"走出去"主要集中在贸易型产业，并且主要集中在贸易、服务产品的生产和提供上。在经过几年的发展和积累后，民营企业逐步将发展战略转向多元化、国际化经营这个目标上。具体表现在开始侧重建立全球化的研发中心和生产基地。华为、万向等著名民营企业都在逐步摆脱初期的对外投资战略。

三、民营企业"走出去"的优势分析

与国有企业走出去相比，民营企业具有从机制到效率的多种优势。这些优势是适应市场经济发展要求的，也是适应全球经济一体化发展要求的。总体说来，拥有自主意识，富于创造精神，具备风险驱动，拥有技术优势，整合协调能力较强，都是民营企业"走出去"的主要优势。

（一）自主意识

对于民营企业来说，具备充分的自主意识是其生存发展的基础，市场经济为土壤，产权安排为保障。市场经济放弃了对民营企业的行政干预，在法律允许的范围内鼓励其自主经营。产权安排让民营企业拥有了绝对自主的决策权和经营权，自主决策，自主经营。

（二）创造精神

对于民营企业来说，诞生就不在温室之中。逼仄的生存空间和严酷的市场竞争都让民营企业生成了抗击市场冲击、不断创造的精神。市场竞争逼迫民营企业不断创新，从思想观念到组织形式，从管理模式到营销战略，无一不是时时更新的。这种创造精神，是民营企业永葆生机的根本。

（三）风险驱动

对于民营企业来说，积极探寻未被开发的产品和市场已经融入发展血脉。探索，就无法避免失败。敢于迎接新的挑战，具备风险驱动，成为民营企业的又一优势。由于产权安排明晰，因此更能保障风险决策。从夹缝中生存下来的民营企业，是天生的冒险者。

（四）技术优势

对于民营企业来说，技术开发和技术产业化的能力是依托于多种技术创新模式的。目前，我国民营企业依托高等院校、科研院所形成了产学研合作；依托高科技园或创业中心形成了创业园孵化。最为重要的是，依靠自身人才力量形成自主创新。多样模式保证了民营企业在技术上拥有优势。

（五）整合协调能力强

对于民营企业来说，企业发展必须具备整合协调能力。整合能力，就是指在一定范围内统一协调公司内外资源，统一安排生产、销售、服务和技术开发等经验活动的能力。协调能力，就是指治理价值链，实现从上到下整体效益大于个体效益的能力。民营企业在市场经济大潮中，充分锻炼了这两种能力，形成了一定优势。

四、民营企业"走出去"的产业选择

目前，我国民营企业"走出去"在产业选择上主要存在三个偏重、三个缺乏。第一是偏重初级产品产业投资，缺乏对高新技术产业涉足；第二是偏重投资劳动密集型产业，缺乏对技术密集型产业的投资；第三是偏重商品流通的贸易投资，缺乏对生产性产业和金融服务业的投资。

（一）增加对资源开发型产业的投资

通过增加对石油、天然气、金属和非金属矿、林业等资源型产业的投资，保证我国的能源需求，规避世界资源市场价格波动的风险。虽然目前资源型产业的投资基本由国有企业来实施，但是今后民营企业在壮大自身实力的基础上，充分发挥自身的优势，也可以涉及相关产业的投资发展。

（二）增加对生产开发类产业的投资

对于民营企业来说，目前主要是在商品流通的贸易领域投资，这与我国的基本产业结构有很大关系。流通贸易型企业要求的技术含量不高，开拓市场的主要方式是压低产品价格，这样的产业投资无法培植出企业根本的竞争优势，比较容易被替代。因此民营企业应该更多向生产开发类产业投资。

（三）增加对高新技术产业类的投资

高新技术产业是现代市场经济增长的核心，是产业结构优化升级的排头兵。通过高新技术产业实现对传统产业的改造，更符合世界经济发展的潮流。我国的民营企业应该持续壮大自身技术优势，对具有自主知识产权的高新

技术企业，应该走出国门，实现跨国经营，争取在海外建立科技园，实现与海外高新技术的共同成长。

五、民营企业"走出去"的区位选择

考虑区位选择，就是要民营企业将自身放置于全球价值链之中，考量自身在全球生产网络中的位置，明确自身对外直接投资的区位选择影响因素，明确自身的比较优势，选择走出去的最佳区位。企业规模的大小，涉及产业的类型都是影响区位选择的重要因素。企业规模大、整体实力强的企业可以选择对发达国家开展直接投资，学习对方的先进经验与技术，壮大自身实力。企业规模较小、整体实力有限的民营企业可以选择在发展中国家投资，发挥自身比较优势。如果想要投资高新技术产业或生产性产业，去发达国家更为有效；如果是低端劳动密集型产业，则选择发展中国家和地区是比较明智的。

（一）有条件和实力的民营企业积极开展对发达国家的直接投资

对于发达国家的投资，更多的是一种学习型投资。抓住机会充分学习发达国家在企业战略营销、拓展市场、技术创新等方面的先进经验，使我国民营企业的发展更上一层楼。当然，对发达国家的直接投资需要民营企业本身具有非常雄厚的实力，具有一定的比较优势。华为和海尔就是其中优秀的代表。

（二）加强对东盟国家的投资

我国与东盟"10+1"合作机制日臻完善，且东盟国家中有许多发展中国家，拥有廉价劳动力，因此我国民营企业可以加大对东盟国家的直接投资，加强劳动密集型产业投资。同欧美、非洲以及南美等地区相比，东盟国家与我国的文化更有共通之处，更利于我国民营企业的"本土化"战略实施。

（三）拓展对非洲的投资

非洲大陆人口众多，资源丰富，市场广大，尽管经济发展落后，但仍旧是我国民营企业走出去的区位选择之一。将非洲大陆的市场作为主要考虑，充分形成市场导向型的对外投资，民营企业可以拥有更大的全球市场。

六、民营企业"走出去"的发展前景与展望

对于民营企业来说，"走出去"是跟"引进来"同样重要的事，甚至在新时代，这是更为重要的事。全球一体化已经成为世界经济发展的主流。抓住这个历史机遇，在全球范围内配置资源，构建网络，成为重要的跨国公司，就是未来民营企业发展实现突破的重要战略构想。虽然还存在很多问题，还面临很多障碍，但是民营企业"走出去"的前景是光明的。可以预计的是，民营企业将成为我国企业"走出去"的主导力量。

（一）民营企业将成为"走出去"的主导力量

对于我国经济的发展来说，特别是对市场经济的发展来说，有效率的企业是最基本的细胞，提供着最根本的发展动力。培养具有国际竞争力的中国跨国公司，不仅是发展经济的需要，也是提升我国经济影响力的需要。对于国有企业来说，天然的制度缺失是与产权安排具有密不可分的关系。这也决定了在对外直接投资过程中，国有企业缺乏效率的运作结果。因此，民营企业成为一种必然选择。

将民营企业培育成为"走出去"的主导力量，符合我国的国家开放战略，符合根本的经济利益。通过鼓励、扶持民营企业走出去，获取全球经济资源，整合先进的科学技术，有利于开拓中国经济的国际市场，有利于优化国内的产业结构。因此，在可以预计的未来，民营企业将成为我国"走出去"战略的主导力量。

（二）民营企业必须重视"本土化"战略

虽然"走出去"的前景是十分光明的，但是民营企业必须总结过去对外直接投资的经验教训，吸收发达国家跨国公司的经营经验，重视"本土化"战略。所谓"本土化"战略，就是要将对外直接投资与投资东道国的实际情况相结合，通过经营管理、品牌营销等多种方式，与投资东道国形成融洽关系，融入当地经济发展，减少不必要的摩擦与纠纷。这一点，是许多惨痛教训的总结。西班牙埃尔切的焚烧中国鞋仓库事件，非洲等地频繁爆发的华商与当地居民的矛盾，都是我国民营企业不够重视"本土化"战略的后果。

实行"本土化"战略，就是要与东道国形成互利双赢的合作模式，加强与东道国的分工合作，形成利益共同体；就是要深入研究东道国的文化风俗，尊重东道国的习俗，发展适合当地文化的营销策略，实现品牌经营；就是要遵守东道国的法律法规，特别是遵守当地的劳工法律和相关规定，获得可持续发展的动力基础。最终在投资东道国成为合格的"居民"企业，与当地经济共荣发展。

（三）民营企业必须重视防范"走出去"的国际风险

民营企业"走出去"除了需要重视如何发展这个问题外，在复杂多变的世界经济社会环境中，还必须重视防范诸多国际风险，这主要包括传统与非传统的安全风险、政治风险、经营风险以及文化融合风险等。这些风险主要来自于投资东道国、本国以及企业本身的一些不确定因素。特别是政治风险和文化融合风险，在近几年的对外直接投资中，表现得较为明显，已经对我国民营企业国际化发展产生了负面影响。因此，民营企业应该建立科学的风险控制体系，制定境外突发事件预防和应对处置方案，最终达到稳健经营的目的。在这其中，政府和行业自律组织也应该发挥重要作用。⑤

加快对外承包工程走出去步伐

任海平

（中国国际交流促进会，北京　100060）

近几年的金融危机以及衍生的经济危机给全球经济及中国经济带来了严重的影响，但危机中也蕴藏着机遇。正在蓬勃兴起的对外承包工程就是中国企业介入全球经济复苏、主动融入经济全球化浪潮、在全球范围内寻找资源最佳配置和市场发展机会的一个重大机遇。

大力开展对外承包工程可将国内结构性富余的工程建设能力运用在国外承包的工程上，既有助于国内企业解困和发展，缓解就业压力，也有助于国民经济结构调整。对外承包工程特别是大型总承包项目和"交钥匙"工程还能带动大型国产机电和成套技术、设备出口，实现出口方式多样化，加速我国从贸易大国向贸易强国转变。

从发展的眼光看，我国对外承包工程前景广阔，大有可为。但当前国际工程承包市场竞争也日趋激烈，对承包商的要求越来越高，给中国企业对外开展工程承包提出了许多新的挑战。国际工程承包业具有跨行业、跨地域、业务模式多样化的特点。随着市场竞争在深度和广度上进一步白热化，我国工程承包企业面临"资源配置全球化，市场竞争国际化"的严峻形势，但对此通常表现出两个"不适应"：企业综合素质与国际市场竞争环境不适应；企业经营规模与可配置资源能力不适应。面对环境、形势变化带来的新冲击，面对国际工程承包领域涉及工程所在国政治和经济形势、国际关系、货币金融市场状况，以及该国有关进出口、资

金和劳务的政策法规、外汇管制办法，不同业主实施的不同的技术标准，不同的地理与气候条件等诸多新问题，我国工程承包企业必须有紧迫感，创造一切条件实施"走出去"战略，稳步扩大中国公司的国际市场份额，力争早日培养出一批具有国际竞争力的知名承包商。

从基本面来看，未来几年世界经济将会持续复苏，国际工程承包市场规模将不断扩大。但同业间竞争加剧，项目大型化和对承包商能力要求的不断提高，加速了并购之风，且有越演越烈之势。传统的设计与施工分离的方式，正在快速向总承包方式转变。在美国，越来越多的工程采用EPC(设计－采购－施工)方式，一些小公司及单一的设计、施工公司因此竞争压力加大，难以为继。欧洲、东南亚、拉美等地的承包商，也在加快向这个趋势靠拢。从国际承包商的并购浪潮可以看出，降低交易成本、优势互补、增强核心竞争力，已成为跨国公司在国际工程项目市场上夺标的利器。同时，高新技术产业化推动工程承包业及相关产业科技开发力度加大，项目科技含量成为国际工程承包竞争的新杠杆，信息技术的广泛应用使工程管理技术日益提高。从用途、复杂程度、科技含量和质量要求等角度看，工程承包项目大致分为劳动密集型、技术密集型和知识密集型。目前发展中国家因在劳动力成本上具有比较优势，在国际工程市场上承建的项目，多为相对简单的劳动密集型项目，但近年已开始向技术

密集型项目和知识密集型项目渗透；发达国家工程承包企业在技术、知识及管理等诸多方面有优势，因而转向集中于高科技含量或知识密集型的项目；在劳动密集型项目竞标中，发展中国家工程承包商之间的竞争，达到白热化程度。未来，知识产权将成为衡量企业市场竞争力的重要标准。由于标准与专利之间的联系越来越密切，发达国家和跨国公司想方设法控制国际标准制定，力求将自己的专利变为国际标准，并通过标准建立贸易技术壁垒，以获取最大经济利益。预期未来几年国际服务贸易标准化，对工程承包商的资质和服务的标准要求，将成为市场准入的新技术壁垒。特别是近年来，承包和发包方式正在发生深刻变革，各国对工程承包服务的需求不断增加，伴随国际直接投资增加，私人资本对基础设施的投资明显增加。全球工程承包市场的投资主体结构，正在发生悄然变化。另外，国际承包商上市筹资能力增强，能帮助业主进行项目融资。这种情况下，国际工程承包市场的承发包方式，开始经历巨大变革，未来的工程将出现大量总承包模式。承包方式改革，又将引起新的交付系统变革；EPC、PMC（项目管理总承包）等一揽子式交钥匙工程、BOT(建设－经营－转让)、PPP(公共部门与私人企业合作模式)等带资承包方式，成为国际大型工程项目广为采用的模式；这些变革都迫使我国企业必须顺应国际潮流，改变单一的承包模式。

我国企业近年来尽管在营业额、合同额的绝对数量上有所增加，行业分布有所突破，地区分布有所拓展，承包方式不断创新，资源开采类项目增加迅速，但与国际知名工程承包商之间的差距，依然明显，当然也伴随着巨大的发展空间。国际一流的大型跨国承包商在资金、技术、人才、机制、品牌、信息、营销等方面，占有优势并富于经验，特别是在资本和技术密集型行业，更占绝对优势。从技术和管理角度看，

对承包商资质的要求、对工程承包服务的质量标准要求及环保要求等，都大幅度提高。从资金角度看，由于近年来国际工程承包市场承发包方式变革，使承包商的融资能力成为竞争成败的关键。但我国支持对外工程承包的金融服务体系，尚没有建立起来，我国企业与其国际竞争者根本不在同一起跑线上。在国际大型项目上，难得的机遇往往会因我们幼稚的融资体制和融资能力而痛失。造成上述问题的原因很多，但主要有以下几点：

一是缺乏应有的金融扶持。在对外工程承包中，工程项目越大，需要的流动资金越多。而我国企业自有资金少，不能满足承包大型国际项目流动资金的需要；许多发展中国家由于缺乏资金，不少工程需要承包商带资承包，而我国银行对企业的信贷限额度，不能满足承接国际工程的需要；国家控制外汇信贷规模，审批程序复杂，审批时间较长，而许多国际大承包商获得外汇信贷则要容易得多；国际承包工程往往要求承包商出具投标保函、履约保函等，但由于我国许多工程承包企业资产负债率较高，银行很难为其提供保函；出口信贷利率比一些发达国家的贷款利率高、还款期短等问题，也影响了我国企业在带资承包国际工程项目上的竞争力。

二是技术与管理仍有较大差距。首先，对国际通行的管理模式及技术标准不熟悉。在国际工程承包项目中，许多国家往往采取国际通用的FIDIC合约（国标咨询工程师联合会的"彩虹系列"）管理模式及欧美日等发达国家的技术标准，而我们对国际惯例不够熟悉；其次，在一些专业领域仍存在技术差距，如机电安装、使用先进设备的大型高难度土木工程等；再次，缺乏国际通行的项目管理经验。大型国际工程项目往往采用PMC模式，而我们只是近几年随着外国承包商进入，才部分参与PMC方式建设项目；最后，缺乏先进的工程项目计算机管理

系统和国际承包市场信息体系。另外，缺乏国际采购网络系统和国际采购经验，在项目中标后往往要采用发达国家的材料设备，而我国的机电设备及建筑材料较难进入国际市场。

三是缺乏复合型国际工程承包管理人才。人才缺乏一直是影响我对外工程承包的主要问题，也是我国企业与国际大承包商之间存在较大差距的重要原因。目前我们十分缺乏的人才主要有：富有海外经验的国际工程项目经理；设计、采购、施工各阶段的核心管理人员；通晓国际工程法律的人员；项目风险评估人员；国际工程合同管理人员；国际工程财务人员；国际工程融资（从金融机构贷款）人员；国际工程造价估算和报价人员。此外，语言障碍也是一个突出问题。目前我国企业的技术、管理等人员的外语沟通能力相对较差，使其良好的技术管理素质难以在国外工程承包中发挥，其至影响到工作正常开展。

四是在国际承包市场知名度不高。尽管我国工程承包企业在技术水平和管理水平上取得了明显进步，但与发达国家相比存在一定差距，在国际市场尚未树立起较高信誉和知名度，致使我们在国际工程、包括国际金融组织贷款工程项目等的招投标中，处于不利地位。

我国对外工程承包企业要真正地发展壮大，开辟新的经济增长点，走出去是必由之路。如何自我改善，扬长避短，走好走远，做大做强，需要从多方面入手进行改革提高。

要从体制上入手，建立适合国际市场运作的不同法人结构的工程公司。国际工程承包企业必须要向国际化的经营模式转变，更新观念，走智力密集、技术密集和资金密集的道路。要改变原来在管理、决策方面的弊端，就企业在国外的发展方向准确定位。方法之一就是进行资产重组，整活现有资源，集中优势力量投入到国际工程项目中去。国际工程公司要有独立的经营决策权，公司的结构形式可以采用股份制、中外合资等多种不同形式。原则就是要满足市场需要，有利于对项目进行有效管理，有利于公司在国外长远发展。

要加强企业间的强强联合，建立战略同盟。在国际工程承包市场上，单一的施工企业现在很难立足，很多国际化的大公司例如西门子等都是涵盖了从项目规划、融资、设计、施工、制造、营运管理等全方位的服务，我们的企业要想发展，一定要适应这种发展趋势。各大型企业集团要发挥各自的优势，进行功能互补，能够有效地聚集资金投入，较好地解决融资能力不足问题，能够按照效益最大化的原则配置资源，从而为各方获取较大的经济收益。进而以更强的实力和自信心打开、占领国际工程承包市场。

要通过各种方式和途径增强企业的融资能力。要认识到融资能力已经成为制约我国工程承包企业在国际市场上进一步发展的瓶颈，尽快提升企业的筹融资能力，从运营资本的层次提高企业在国际市场上的竞争能力已是当务之急。除了挖掘自身潜力，还要通过各种方式建立更广泛的融资渠道。在这方面，除了企业自身的努力，还需要政府的进一步扶持，为企业间的合作、联合提供更广阔的平台和相关政策，加快国有商业银行的改革和走出去的步伐，鼓励有资金能力的私营经济参与国际工程项目。

要加大人才培养力度。按照国际工程项目管理工作的需要，大力培养和引进复合型、创新型、外向型的高级管理人才，尤其是项目经理人才，以提高项目的管理决策水平。逐步形成一个涵盖投标报价、施工组织、质量控制、财务管理、材料管理、合同管理及法律服务等技术、管理人员比例得当的项目管理人才体系。与此同时，还应建立起有效的人才使用和贮备机制，为各类人才提供良好的发展机会，创造施展本领的舞台，尤其是对身处国外的人员，要全方位的关心爱护，使得企（下转第28页）

园林行业"融资带动总承包"
模式的探索研究

徐 亚 新

（中建装饰中外园林建设公司，北京 100037）

一、"融资带动总承包"模式概述

（一）"融资带动总承包"模式的内涵

"融资带动总承包"模式是项目融资创新的一个重要体现，它为大型承包商实施"蓝海"战略拓宽了视野。施工承包商毕竟不是投资商，但融资建造模式以承包商的视野，站在项目投资商的高度，在保证社会责任的基础上，使融资运作贯穿项目建造的全过程，提升项目总承包与业主监督的层次。通过项目投资与建造有机的、集成相关社会因素和生产要素的项目，规范、提炼和升华项目建造的各种管理活动，大大提高项目建造过程的社会效益和经济效益。这种模式既不同于传统的项目投资和施工总承包，也不同于比较流行的 BOT 模式，是融资、设计和建造三位一体、符合总承包商运行需求的一种"以融投资带动总承包"的创新模式。

"融资带动总承包"模式的基础是发挥承包商工程管理的专业优势，通过融投资方式实施项目建设的活动。项目融资与传统的公司融资方式存在着明显的差异：

一方面项目融资的投资者为了建设某一个项目，一般先设立一个项目公司，以该项目公司而不是投资者母体公司作为借款主体进行融资。银行等债务提供者在考虑安排贷款时，主要以该项目公司的未来现金流量作为主要还款来源，并且以项目公司本身的资产和预期的项目收益作为贷款的主要保证。项目融资的特点是项目导向、有限追索和风险共担。这种方式的优点在于能够有效规避因传统公司融资的无限追索方式可能导致的企业风险。

另一方面项目融资过程采用的抵押贷款方式是以物权担保为前提的，并在物权担保下构成一种具体的贷款形式。根据我国最近颁布的《物权法》规定，物权担保的形式主要以不动产、动产和有关权益作为偿还贷款债务的保证。投资者可以根据这项法规利用投资项目本身的预期收益进行贷款担保。原因是借款人以资产作抵押从银行取得贷款，虽然转让了其财产所有权，但一般不转移财产的使用权，借款人仍然可以使用其资产进行生产，以使用该项资产的收益来清偿贷款。一旦借款人发生违约事件，贷款银行有权变卖抵押品，卖得的价金享有优先清偿的权利。由此不难看出这种项目融投资的方式既有利于金融机构，也有利于投资商，是双方共同规避风险、提升投资效益的双赢途径，十分适合承包商的自身特点及其融投资活动。更为重要的是，承包商通过融资建造不仅可以解决资金和资本的筹集问题，而且可以通过项目的投资实现项目设计、施工一体化的管理模式和效益回报，大大提高施工企业的产品和管理层次，奠定承包商从源头切入高端市场の定位。

当前，中国有8万多家建筑公司，竞争非常激烈，建筑企业的利润增长速度逐年低于产值增长速度，企业投标多，中标少，且中标价格比标底价格下浮率不断提高，甚至达到20%，招投标工程的产值利润率发展模式在1%～1.5%之间，低端市场带来的效益已经岌岌可危，企业发展后劲严重受损，大型建筑企业传统的施工承包道路越走越窄了。融资带动总承包模式的实施已经成为当前建筑行业开辟"高端"路线的重要选择之一。

中国中铁股份公司采取"融资带动总承包"模式，仅用16个月的有效施工时间，安全、优质、高效地完成了沈阳四环路工程施工任务。他们的成功做法和经验，为我国建筑业企业推行融资带动总承包起到了示范带动、引领促进作用。

建筑业企业要发展壮大，应当走投资、规划、设计、施工一体化的资本经营之路，从而真正形成资本密集、人才密集、技术密集型和管理密集型的企业发展战略。以融资带动工程总承包、以工程总承包带动相关业务的发展模式，必将促进建筑业企业由生产经营向资本经营相结合过渡，从而不断提高企业的市场竞争力。构建"融资带动工程总承包模式"有利于建筑业及大型建筑施工企业加快经营结构的调整和产业结构优化升级的步伐，对于延伸和丰富工程总承包，提升项目生产力水平，实现建筑业生产方式第二次变革，具有重要的现实意义。由此可以预期，今后相当一个时期，我国城市化建设将进入高峰期，而积极采用融资带动施工总承包模式进行工程建设，将大有可为。

（三）园林行业中"融资带动施工总承包"模式的现状

城市化建设与建设"美丽中国"的春风给我国园林行业带来了生机与希望，国家对各地

区生态文明建设指标的强化，拉动了大批市政项目的立项。随着大部分地产园林公司逐步切入市政业务，部分园林公司创新工程承接新模式持续获取大额市政订单。"以融资带动总承包"为主的生产经营模式使得园林行业逐步摆脱渠道与资质为王的商业模式，尤其在地方政府将投资杠杆逐步转移至承建方的背景下，园林公司的收入规模、资金实力、品牌效应超越渠道本身成为获取订单的重要前提。未来园林行业的竞争格局将有所分化，小型园林公司将依然处于争夺区域渠道为主的竞争局面，而大型园林公司的业务布局、融资能力、规模与品牌实力将超越渠道成为下一阶段的竞争要素。因此，以"融资带动总承包"的模式是园林行业发展的必然趋势，也是公司步入园林行业高端领域、打造行业旗舰的必要条件。

（四）"融资带动总承包"模式的相关政策

由于市场经济的深入推进，工程建设领域中的各种矛盾日益显现，旧的投资体制、设计体制、施工管理体制与市场化的竞争规则已不相适应，特别是与园林行业配套的制度更是稀缺，中外园林作为园林施工企业，需要不断把握园林行业的发展规律，加强学习国家与住建部的相关政策法规，密切关注"融资带动总承包"模式的相关政策。

建设部〔2003〕30号《关于培育发展工程总承包和工程项目管理企业的指导意见》第四点第七条规定：提倡具备条件的建设项目，采用工程总承包、工程项目管理方式组织建设。鼓励有投融资能力的工程总承包企业，对具备条件的工程项目，根据业主的要求，按照建设—转让的方式组织实施。

2004年7月25日，国务院发布了《国务院关于投资体制改革的决定》，其中明确提出对非经营性政府投资项目加快推行"代建制"。这种非经营性政府项目的代建制操作流程与融资带动总承包的模式非常相似。《决定》鼓励

社会投资，放宽社会资本的投资领域，允许社会资本进入法律法规未禁入的基础设施、公用事业及其他行业和领域。中央政府的这一表态，意在表明：以多元化投资结构为特点的融资带动总承包模式与代建制模式的结合将成为政府基建项目投融资的主要方式。

但是，目前我国还没有专门的融资带动总承包方面的法律法规，使得融资带动总承包项目在实际操作中缺乏明确的法律依据，给项目的实施带来了一定的难度。

二、"中外园林"探索"融资带动总承包"模式的必要性分析

（一）园林行业发展的必然趋势

"中外园林"的发展愿景是成为园林行业之旗舰、园林人之家，始终坚持资源整合、合力共赢。从近几年上市园林企业承揽融资带动总承包项目的情况来看，目前园林绿化行业中的高端领域正逐步摆脱经营模式单一化的局势，由渠道、资质为王逐渐转变为"资本、品牌、资质"三驾马车并步齐驱。"融资带动施工"模式以项目为载体，把企业品牌、专业人才与资本密集、技术密集和管理密集有机结合起来，具有其他项目建造方式所没有的特殊竞争优势。"融资带动总承包"的模式，正逐步成为园林行业发展的大势所趋。探索"融资带动总承包"的项目，也是未来发展的必然选择。

（二）提升公司核心竞争力的必然要求

从公司发展角度来看，当采用"融资带动总承包"的项目模式时，所需资金投入巨大，建设运营风险高，为了尽量减少甚至避免风险，获得较高收益，公司在建设前期需要对项目进行科学论证、合理设计，在建设及运营过程中对管理的要求将更为严格。这种压力倒逼的形式，将推动公司整体管理水平的提升。从整个行业来看，采用"融资带动总承包"的项目模式，通过市场化竞争，改善园林绿化建设投资和管理结构，能够有效实现管理与设计、施工等资源的整合及紧密衔接，从而减少管理和协调环节，提高园林绿化项目的建设质量，降低建设成本，对增强公司整体实力、拓展公司发展空间、推动公司生产方式深层次变革和提升公司核心竞争力具有重要意义。

（三）坚持中建"三大战略"的必然选择

"中外园林"坚持"大客户、大市场、大项目"的发展战略，加快从单一施工创造价值向全价值链经营模式转变。"融资带动总承包"的模式是实现"三大战略"的有效途径，是开辟高端客户、高端项目和高端市场的敲门砖。公司在确保华北、华东、华南三大主力区域市场份额的同时，根据国家投资及政策导向，将华中区域、西北区域、特别是以四川省为中心的西南区域作为下一步区域市场开发的重点。融资带动总承包的项目模式一旦确立可行，将扩充大量可用资金，充分发挥公司在技术、设计、人力、管理方面的优势，增加公司在各大战略布局区域的市场份额，确保"三大"战略的实现。

（四）优化资源配置，实现"共赢"的必然选择

融资带动总承包的项目模式实现了产业资本和金融资本的全新对接，形成一种新的融资格局，既为政府提供了一种解决基础设施项目资金周转困难的新模式，又为投资方提供了新的利润分配体系，为剩余价值找到了新的投资途径，优化了配置社会生产要素和有效资源，实现集团、公司及其他参与者"共赢"的良性循环；同时，在公司内部，可以实现人力资源、技术资源和设备等资源要素的最佳组合，强化以责任成本管理为中心的各项管理，优化公司内部的资源配置。

三、"中外园林"实施"融资带动总承包"模式的条件

（一）优秀的决策分析能力

承接融资带动总承包项目的前期决策分析相对复杂，除了要考虑技术可行和收益可行外，还要考虑企业目前的财务经营状况，是否满足能够筹集足够的建造资金，是否能够承担项目建成后才能收到回购价款的方式，以及是否能够顺利完成回购的问题。"中外园林"具备经验丰富的管理团队以及相关领域的高级人才，可以客观地对企业目前财务的状况、参与投资该项目可能带来的财务绩效影响，以及可能遇到的风险进行科学评价，从而作出正确决策。

（二）完善的合同管理能力

融资带动总承包模式的项目没有现成的合同文本形式，合同内容是由业主与企业经过谈判确定的，并且融资带动总承包模式合同相对复杂，包括投资建设合同、贷款合同、承包合同等，公司具备完善的合同管理体系，保证合同签订的合法性和合理性，合同管理工作的标准化、规范化更进一步确保合同风险在管理过程中得到有效的控制。融资带动总承包模式的建造周期较长，公司长期、连续、集成化的合同管理能力能够合理的通过在建造过程中变更合同来规避风险。

（三）强大的人力资源支撑能力

公司以复合型管理人才为导领，具备一级注册建筑师为骨干的园林绿化、古建设计院；以国家一、二级注册建造师为核心的工程运行系统；以高级会计师、高级经济师为主导的资金管理群。客观来讲，公司目前还不具备拥有融资带动总承包项目模式管理经验的高级管理人才，但中建系统已承接过多项此类项目。通过对中建内部宝贵经验的借鉴，结合公司人力资源合理协调、项目组工作人员合理配置、采取一定的绩效、激励和培训制度，从而整合项目公司组织框架，最终实现项目顺利的运营。

（四）科学高效的施工过程控制能力

融资带动总承包有先融资建造、成功移交后收回回购价款的特殊性，所以，对于项目的

质量、进度、成本控制都提出了更高的要求。2013年，公司综合管理信息化平台全面上线运行，项目成本数据库与物资采购价格库逐步形成。该平台对企业和项目的运行实施全方位、规范化的管理和监控，确保企业系统的整体高效和资源优化。

（五）深厚的社会资源基础

融资带动总承包的项目模式，可能应用的社会关系资源是指企业与政府、企业与供应商、企业与社会群众等之间的社会化协助资源。这部分社会关系资源从融资带动总承包项目调研决策阶段开始到项目移交获得回购价款为止，对项目的成功实施起到不可忽略的作用。"中外园林"隶属于中国建筑下属的中建装饰集团。中建系统与地方政府及材料供应商签有战略伙伴合作协议，在全国范围内具有深厚的社会资源基础，为开展"融资带动总承包"能够提供较强的支撑。

四、"融资带动施工总承包"模式的风险分析

对于融资带动总承包这种新型的融资建设模式，它与普通的建设工程项目不同，具有很多普通工程建设项目没有的风险。从影响预期收益实现情况的融资带动总承包项目风险的角度进行风险分析，融资带动总承包项目的风险分为融资风险、技术风险、完工风险、回购风险、法律风险、政策风险以及不可抗力风险。

（一）融资风险

融资风险分为两个部分，一是投资者融资能力风险。通常，在政府大型基础设施项目融资带动总承包模式的运作过程中，需投入的资金量非常大，一个项目少则一、两个亿，多则几十亿，如此大的资金投入量，单靠投资者自有资金来保障项目建设可能性非常小。因而，投资者的自有资本都是项目投资中的少部分，大部分是通过项目投资者再融资来推进整个项

目建设。项目运作的负债比例比较高也是国内外大型融资带动总承包项目运作的不争事实。因而，为保障大型（特大型）项目的顺利运作，投资者的再融资能力就成为项目是否能如期建成的关键，如果投资者对自己的再融资能力估计不足，而盲目地以融资带动总承包方式承接政府项目，必然会产生资金链断裂的风险。二是融资过程中的风险。融资过程中风险是在项目融资的整个过程中存在的所有不确定因素的集合，这些因素是对项目目标达成、利益损失产生一定影响的可能性。融资风险的发生会导致融资成本的提高，从而降低总的利润收入，影响预期收益的实现水平。融资风险包含银行贷款利率的变化，从而导致的融资成本的上升；并且，融资风险还涉及借款方或资金来源方的信誉。

（二）技术风险

技术风险，表现为由于勘察设计的水平不足，致使勘察设计的内容不全面、深度不够，从而产生设计变更，并对技术水平提出超出预先估计的新的、更高的要求。因此，会存在增加隐含设计、施工技术能力不足，建设成本升高，建设期延长等风险。

（三）完工风险

项目完工风险，是指项目的延期完工、无法完工、完工后却达不到相应的技术、功能指标而存在的风险。完工风险是项目建设风险中一项重要的核心内容。项目建设的各项风险最终都会体现为完工风险或经济风险。完工风险最终也会体现在贷款利息的增加、贷款偿还期限的延长和项目投入使用错过市场机会等问题上。

（四）回购风险

回购风险是融资带动总承包项目的最大风险。由于融资带动总承包模式没有未来的项目经营利益作为投资回报，完全靠政府财力作保证，对政府财政资源的依赖度高，投资者将项目建成后，政府必须以财政资金将项目立即回购。虽然政府都有一定财力作为公共基础设施建设的投资保障，但由于区位条件不同，各地的财力也相差较大，加之政府财政资源的投向是多元化的，投资建设的项目较多，如果政府负债过多或回购资金量准备不足，必然对项目回购能力造成影响。相对于经济较发达地区来讲，由于这些地区政府财税资源相对充足，其项目回购保障也比较高；而对于欠发达地区，政府的财政资源则相对不足，对项目回购的保障程度也相应降低。因而如果政府信用发生重大变化，必然影响融资带动总承包项目的回购，给投资者的资金安全和投资回报带来巨大的风险。

（五）法律风险

在中国，融资带动总承包方式尚属一种新型的项目融资方式；法律跟进滞后，目前国内没有专门的融资带动总承包方面的法律法规。融资带动总承包项目是否需要成立专门的融资带动总承包项目管理公司；对建设方应该有什么样的资质要求；如何解决政府部门在管理融资带动总承包项目时职责交叉、定位不明；在建设期内，资产究竟属于业主方还是建设方；如何通过有效的监控防范项目公司将资金挪作他用，投资方投入资金如何监控与支付；项目峻工后政府回购时限如何约束，当政府财政无法满足回购要求又无其他融资途径时，谁来为政府买单等等问题，在实际操作中都缺乏明确的法律依据和明确的规范。一旦合同条款、政府诚信、银行信贷、工程施工等出现问题，法律不能提供有效的保障。

（六）政策风险

政策风险是指政府诚信、政府政策的稳定性和连续性、政府到期可支配财政无力回购带来的风险。从宏观层面看，中国特色的市场经济，决定了中国经济带有"政策经济"的特点。国家宏观政策调整（比如货币政策、"营改增"

政策调整）对整个经济而言也许是利好，但对行业影响却可能是不利的。从微观层面看，政策性风险主要显现在以下几个方面：一是由于地方政府的政策目标与政策手段不对称，导致企业面临的政策风险陡增。如项目投资巨大，政府财力本来就不能承受，却硬着头皮上，到回购时却拿不出钱来，以致带来风险；二是地方政府换届，后届政府否定前届政府的政策，导致前届政府决策的融资带动总承包建设项目无法继续实施；三是地方政府缺少战略决策能力，没有远期规划，政府行为随意，政出多门，导致政策走势飘忽不定、难以预期，带给融资带动总承包项目极大的风险。

（七）不可抗力风险

不可抗力风险是指当事人不能预见、不能避免并且不能克服的自然事件和社会事件。采用融资带动总承包模式运作项目也不可避免地存在着不可抗力风险。不可抗力是我们预先不能预测的，包括因不可抗力而引起的损失范围、损失大小等都存在极大的不确定性，不能预先核定损失额加以规避。因而，如果不采用合理的方式规避与分担，将会给融资带动总承包项目运作的成败带来极大的风险。

五、融资带动总承包的风险应对

融资带动总承包模式工程项目的风险应对就是对工程项目的风险提出的处置意见和办法，是为降低风险的负面效应而制订的风险应对策略和技术手段的过程。

融资带动总承包模式工程项目的风险应对策略和措施通常采取以下策略：预防风险、减轻风险、回避风险、转移风险、接受风险、风险利用等。对于一个融资带动总承包项目而言，采用何种风险策略和措施取决于该项目的风险形势，可能会运用以上风险应对策略中的几种或几种风险策略的组合，也可能是同一种风险对于不同的融资带动总承包项目其采用的风险

应对策略和措施大不相同。

（一）预防风险

预防风险是指在损失发生前为了避免或减少可能引起损失的各项风险因素而采取的策略，是一种主动的工程项目风险管理策略，主要有全面质量管理、全面风险教育、标准化项目建设的手段。

1. 全面质量管理

全面质量管理预防融资带动总承包项目的措施通常有以下几种：一是在融资带动总承包项目施工前采取一定的措施，减少风险因素；二是施工现场若发现潜在的风险因素，及时的采取措施，减少已存在的风险；三是将融资带动总承包项目的风险因素同人、财、物在时间和空间上隔离，达到减少损失和人员伤亡的目的。全面质量管理的特点是每一种措施都与具体的工程技术设施相联系，采用这种方法必须在设施上进行较大的投入，往往这种投入将带来较大的工程成本的增加，另外任何工程设施并非百分之百可靠，因此融资带动总承包工程项目的风险预防不能过分地依赖这种方法。

2. 全面风险教育

全面风险教育是指对融资带动总承包工程项目管理者和其他人员进行风险管理教育，以提高其风险意识的方法。来自人的行为不当将对融资带动总承包模式工程项带来风险，就是要通过对项目管理人员和有关方的风险和风险管理教育，让其充分了解工程项目所面临的风险，以及掌握控制控好这些风险的方法，使他们深刻的认识到个人的任何不当行为都可能给项目造成巨大的经济损失。融资带动总承包模式工程项目的风险教育内容包括有关工程项目的工程经济、技术、质量以及安全、投资、城市规划、土地管理等方面的法规、规章、标准和操作流程、风险知识、安全技能等。

3. "标准化"的项目建设

标准化建设是指用制度化、流程化、标准

化、信息化、绩效化的方式进行融资带动总承包模式工程项目的施工，减少工程损失的一种方法。按照中建总公司的投资回报要求，必须满足年投资回报能达到15%以上的项目才能考虑投资。这也应该成为承接该类项目要考虑的硬性要求。另外，标准化的建设要求项目人员一定要认真执行项目管理组织制订的各种管理计划、方针和监督检查制度。走捷径、图省事甚至弄虚作假的想法和做法必定会给项目造成风险，也是工程项目发生风险的根源。

（二）减轻风险

减轻风险是在融资带动总承包模式工程项目存在风险时使用的一种风险决策，其有效性在很大程度上看是已知风险、可预测风险还是不可预测风险。

对于融资带动总承包模式工程项目的已知风险，项目管理组织很大程度上可以动用项目资源降低风险的严重后果和风险发生的频率，从而加以控制。

对于融资带动总承包模式工程项目的不可预测风险和可预测风险，基本上是项目管理组织很少或不能控制的风险。例如在融资带动总承包模式工程项目的转让阶段，政府回购的风险就不在融资带动总承包投资方的直接控制之中，存在政府因财政资金紧张而回购不能的巨大风险。因此，在融资带动总承包模式项目的谈判阶段就必须深入地调查研究，对政府的信用进行评估，降低其不确定性带来的风险。

减轻风险的方式有：控制风险损失、分散风险和减少风险发生的概率。

1. 控制风险损失

控制风险损失就是在风险已经发生的情况下，通过融资带动总承包模式工程项目的相关单位采取各种措施来遏制风险损失继续扩大或限制其扩大范围。例如在工程项目发生延期的情况下，可以通过加大工程项目人员和设备的投入来赶工；在雨雪天气无法进行室外工程施工时，通过施工组织计划的调整，进行室内工程或安排受天气因素制约较小的工程项目的施工。

2. 分散风险

分散风险是通过增加融资带动总承包模式工程项目相关风险承担者的方法来减轻项目总体风险的压力。融资带动总承包模式项目的参与方众多，风险责任存在多个分担者，因此，这种模式本身就是一种很好的分散风险的工程建设方式。

3. 减少风险发生的概率

在风险事件发生前，事先考虑好各种风险预防措施来降低风险发生的可能性是减轻风险的重要途经。在对融资带动总承包模式工程项目进行谈判考察阶段，要对项目的回购方进行深入的调查了解。比如，"东方园林"在深入调研市场的基础之上（主要是基于GDP；人口；每年房地产销售额；土地成交额等），圈定了50个战略目标城市；"棕榈园林"考虑地缘优势、沟通成本，政企关系等因素主要市政项目集中于广东、江苏、山东三地；"铁汉生态"的客户选择主要是财政状况良好的地方政府、实力雄厚和信誉良好的大型企业和央企、上市公司等。在合同谈判环节，对于回款的安全性采取如下措施：最为常见的，当地政府就回购出具承诺函，并将项目回购资金列入当地的财政预算，有些还进一步引入土地担保条款，这点"东方园林"采用得最多，自2011年底以来其所公告的重大市政项目均采用了该模式，该模式在常见的政府出具回购承诺函、将回购资金列入财政预案之外，又加入以指定地块（列入当地政府相应回购年限的当年土地出让计划）作为保障地块，并以保障地块的出让收入专项用于支付工程款。另外尽量争取较好的回款条件，比如从532的模式提升至622，甚至是721的模式。

（三）回避风险

回避风险是融资带动总承包模式工程项目在风险潜在威胁发生可能性很大，后果严重，没有可用的风险应对策略时，主动放弃项目或改变项目目标与行动方案，中断风险源，消除风险产生的条件，从而规避项目风险的一种策略。融资带动总承包模式工程项目建设规模大，建设周期长，投资额非常巨大，面临的风险因素众多，在项目前期进行风险识别后，若发现项目面临的风险很大，而项目风险的承担者又无法控制风险时，就应选择放弃项目，避免带来不可估量的人员和财产损失。

回避风包括主动预防和完全放弃两种方式。前者是从风险源入手，将风险的来源彻底消除；后者是完全放弃项目，这是一种最彻底的回避风险的办法，也是比较少见的做法。

回避风险策略的采用，必须对项目风险要有充分的认识，对风险发生的可能性和后果要充分掌握。这种策略一般在项目活动尚未损失前使用，一旦项目已经开始，进行风险回避将付出高昂的代价。

（四）风险转移

融资带动总承包模式工程项目的风险转移是指借用合同或协议，在风险事故发生时，将风险损失转移至项目的其他参与方，从而达到分担风险的目的。

风险转移策略的实施必须遵循让风险承担者得到利益回报，谁最有管理能力就让谁分担的原则。风险转移的方式可分为财务性风险转移和非财务性风险转移两种。

1. 财务性风险转移

财务性风险转移分为保险类风险转移和非保险类风险转移。融资带动总承包模式工程项目保险类风险转移是最常用的一种方法，一般是通过项目公司向保险公司支付一定的保险费，签订保险合同来应对此项目风险，以投保的方式将风险转移到其他人身上。融资带动总承包模式工程项目非保险类风险转移是项目公司通过不同中介，以不同的形式将风险转移到商业合作伙伴，最常用的有担保方式。例如，在融资带动总承包项目回购谈判环节，投资方为了转移回购风险通常要求政府找一家具有实力的企业与项目公司签订融资带动总承包项目回购担保合同。

2. 非财务性风险转移

非财务性风险转移是指将融资带动总承包项目有关的物业或项目转移至第三方，或者以合同的形式把风险转移到其他人身上，同时也能够保留会产生风险的物业或项目。

（五）接受风险

接受风险又称风险自留，是指工程项目的管理者从经济性和可行性出发，在考虑了其他的风险应对策略后，将风险保留在项目主体内部自行承担风险的策略。风险自留不是采取专门的预防措施缓和风险，也不是设法转移风险或者将风险转嫁给他人，而是允许风险发生，并承担其风险后果。

风险自留的应对措施有：

（1）设立一定数量的备用金，专门用于自留风险和其他原因造成的额外费用。

（2）从财务上做出安排将风险损失摊入经营成本。即当自留风险的损失一旦发生后，从现金净收入中指出，或将损失费用记入当期成本。

（3）在风险事件发生后，采取向银行贷款或从其他渠道进行融资的措施，借入资金以补偿风险事件所造成的损失。

风险自留是最经常采用的一种财务应对策略，这种策略适用于那些发生概率小、损失强度小的风险。

（六）风险利用

风险利用是指融资带动总承包模式工程项目的管理主体在消除项目风险消极影响的同时，依靠自身扎实的风险管理工作，兴利抑弊，积极寻找风险中蕴藏的获利机会，谋求自身最大收益的行为。

风险利用是风险管理的较高层次,对融资带动总承包模式工程项目风险管理人员的风险管理能力要求较高,只有具备较丰富的项目风险管理经验和娴熟的技巧、高度的应变能力,才能对风险的可利用性和利用价值进行分析,加以有效利用。

五、建议与展望

从"美丽中国"来看园林市场的发展看,我国园林行业进入快速发展的轨道,虽然我国的各级政府都投入了很多资金和时间,但是与社会经济发展带来的巨大需求相比,政府在基础设施上的投入仍然是缺乏的,而传统的工程总承包模式无法解决这一问题,"融资带动总承包"模式的出现有效地解决了这一矛盾,同时也给园林企业敞开了一扇投资建设的大门。

从整体园林建设市场形势来看,经历建设

管理体系的改革,工程总承包在我国的应用范围也越来越广泛,很多施工建筑企业选择总承包模式承担项目,并积累了大量的经验,而融资带动总承包的模式在我国园林行业仍然是较新的承包建设模式,由于高投入、高收益和高风险的特征,要求园林企业在开展融资带动总承包的项目必须要具备一定的能力和积累。

目前,我国园林企业生产方式相对落后、技术含量低、管理粗放、增产不增收,面临着经营战略转型、产业结构优化升级的巨大压力。企业如何转变发展观念,创新发展模式,已经成为国有园林企业的面临重大课题。"中外园林"作为国有园林企业的代表,应该顺应投资市场及园林市场的需求,加大对"融资带动总承包"模式的研究与探索,不断提升企业的综合能力,并争取相应的项目开展该领域的试点。这既是适应我国新形势下园林行业发展的要求,同时也是提升企业盈利能力和长期生存发展的需要。⑤

（上接第19页）业能够培养出人才,留得住人才,更能发挥出人才的应有作用。只有很好地解决了人才战略,才能保证企业的可持续性发展。只有培养一大批高水平的国际工程管理人才,才能使企业的各项管理制度能够得到准确的执行和落实,我国的国际工程项目管理总体水平才能上一个大台阶。

要依托政府,积极发挥行业协会作用,推动工程承包企业依靠整体的实力进入国际市场。在大市场的背景下,单个企业的单打独斗很难在国际市场上取得成功,我们跨出国门的企业,要充分利用国家改革开放以来取得的良好形象和国际地位,依靠我们驻各国的大使馆和经参处,建立起中国大公司的品牌优势,全面了解和尽快融入当地社会。充分发挥行业协会的作用,积极探索企业间的联合经营、联手投标。化解和分担市场风险,增强总体的竞争能力。

同时避免承包商之间的过度竞争,提高中标率,降低经营风险和交易成本。企业间的这种联合,需要政府和行业协会从中发挥重要作用。完善法律制度,规范市场行为,促进企业间互信。

海外巨大的工程承包市场给企业的发展提供了广阔的舞台,国家鼓励企业走出去的政策更是给企业提供了难得的历史机遇。机会就在面前,如何把握住这个机会,带动企业完成一次跳跃式的发展,值得每一个工程承包企业认真思考,也是每个国际工程承包企业所应担负的艰巨使命。只要能够脚踏实地地对市场进行研究,合理制定企业的国际工程承包发展目标,学习吸收国际先进企业的经验,努力反省自身的不足,高起点、高标准地建立国际工程项目管理体系,发挥自身优势,我们一定能在国际工程承包市场上占有一席之地,并不断发展壮大,真正实现走出去的发展战略。⑤

基础设施投资模式探索

杨 福 生

（中建交通建设集团有限公司，北京 100142）

一、近些年我国基础设施投资情况及基础设施特点介绍

（一）近三年我国基础设施投资情况

基础设施是国民经济各项事业发展的基础，在现代社会中，经济越发展，对基础设施的要求越高。完善的基础设施对加速社会经济活动、促进其空间分布形态演变起着巨大的推动作用。建立完善的基础设施往往需较长时间和巨额投资。

2011年，我国基础设施行业固定资产投资总额达到72617亿元，其中交通运输、仓储和邮政业投资额最高，达到了27280亿元；卫生、社会保障和社会福利业增速最快，为28.1%。2012年，我国基础设施行业固定资产投资额总额达到了83452亿元。其中交通运输、仓储和邮政业投资额最高，达到了30296亿元；卫生和社会工作增速最快，为23%。2013年，我国基础设施行业固定资产投资额总额达到了102206亿元。其中水利、环境和公共设施管理投资额最高，达到了37598亿元；增速也最快，为26.9%。

2013年9月国务院发布《关于加强城市基础设施建设的意见》，明确要求优先加强供水、供气、供热、电力、通信、公共交通、物流配送、防灾避险等与民生密切相关的基础设施建设，加强老旧基础设施改造。2014年3月，中共中央、国务院印发了《国家新型城镇化（2014-2020年）》，提出促进约1亿农业转移人口落户城镇，改造约1亿人居住的城镇棚户区和城中村，引导约1亿人在中西部地区就近城镇化。这凸显了政府以人为本、优化布局推进新型城镇化的决心，同时也将推进交通、水利、能源、市政等基础设施建设。目前我国正处在城市化的高速成长时期，我国的城市基础设施投资强度远远低于国际水平。我国的城市化率已由1990年的18.9%猛增到了2005年的43%，近十几年年增长都在1%左右。预测"十二五"末城市化率将达到50%，到2020年中国城市化水平将达到58%左右。国务院发展研究中心研究表明，"每增加1个城市人口，城市基础设施新增投资最保守估计需要9万元"。这样，到2020年全国城市基础设施估算投资需求总量可能在9万亿元左右，平均每年大约1.5万亿元。我国城市基础设施"十一五"平均每年投资大约为9080亿元，国家在基础设施上的投资无法满足对基础设施需求的增长，所以未来几年需要大量社会资本投资到基础设施建设中去。

（二）基础设施特点

（1）社会性和公益性。社会性，绝大多数基础设施所提供的产品或服务是面向全社会的生产者和消费者的。公益性，基础设施对社会公众具有积极的效用，对居民的生活质量和城市都有改善作用。

（2）基础设施建设周期长，需要高额的初始成本，投入产出率一般较低。基础设施的资本规模和技术工程一般来讲是巨大的，而且投资具有不可分割性。

（3）非竞争性和非排他性。多数基础设施与自然垄断有关。

（4）基础设施具有较强的凝固性，提供的产品和服务具有鲜明的地域性。

（5）网络性。基础设施的一个最基本的技术经济特征就是通过网络连通传输。

（6）存在拥挤效应。由于大多数地方公共产品的收益只覆盖于有限的地理范围，随着人口规模的扩大，使用者的增加，这些地方公共产品的消费变得拥挤。

（7）基础设施是由"上游"生产部门使用的。基础设施所提供的产品和服务，是其他生产部门赖以生产的基础性条件。

（8）基础设施的建设涉及面较广，需要政府参与协调。基础设施的建设通常涉及各地区、各部门、各企业以及团体和个人之间的关系，需要全社会统筹安排、协调行动。

二、国内基础设施投资模式介绍

（一）项目分区中三类项目的特点

1. 非经营性项目融资特点

对于非经营性基础设施项目，由于它属于非盈利性和具有社会效益性的项目，该类项目没有投资回报。非经营性项目作为纯公共品，由私人部门投资必然会带来社会福利损失和效率损失，因此，非经营性项目不能通过向广大社会公众收费获得经营收入。

2. 准经营性项目融资特点

对于准经营性基础设施项目由于其客观存在公益性与商业性，不能要求它完全按商业化运作，由政府承担其公益性部门的补贴，比如税收返还、财政补贴或其他的补偿方式，保证准经营性项目能够满足基本的投资回报，这样才能吸引社会资本以及银行等机构的投资。但是，对于准经营性项目的融资一般偏好债务融资。我国准经营性基础设施项目其资金来源目前仍然为政府财政资金投入和银行贷款，通过其他渠道筹措资金所占的比例甚少。

3. 经营性项目融资特点

对于经营性基础设施项目，由于其存在收费机制和稳定的现金流量，政府绝不应该插手这类项目，而是建立公平的竞争机制实行市场化运作。对于外部性较强的市政基础设施项目，如自来水、污水处理等，政府应该给予一定的政策优惠以保证其有效供给。对于经营性项目，在一定条件下由企业直接生产或政府企业合作，这样可以缓解政府投入资金不足和还贷压力，满足市政基础设施投资建设需求，提高其运营效率。

（二）国内常用基础设施投资模式

1.BOT 模式的组织形式

BOT（Build-Operate-Transfer），直译为"建设－经营－移交"，是指私营机构参与国家基础设施建设的一种形式。其基本思路是，由项目所在国政府或其所属机构为项目的建设和经营提供一种特许权协议（Concession Agreement）作为项目融资的基础，由本国公司或者外国公司作为项目的投资者和经营者安排融资，承担风险，开发建设项目并在特许权协议期间经营项目获取商业利润。

2.BT 模式的组织形式

BT 投资模式里面的 BT（Build-Transfer），直译为"建设－移交"，是由 2005 年百富榜上的黑马富豪严介和创造或者说是简化出来的一种暴富投资模式。BT 投资模式其实质就是对 BOT 模式的变换，指项目管理公司总承包后垫资进行建设，建设验收完毕再移交给政府部门。也就是垫资为政府建造暂时无力上马的基础设施项目，然后再让政府分期还款，从而获得暴利。

（三）国内正在探索的基础设施投资模式

1.PPP 模式的内涵

PPP(Public—Private—Partnership) 模式，即政府部门与民营企业合作模式。政府与民营机构签订长期合作协议，授权民营机构代替政府建设、运营或管理基础设施或其他公共服务设施，并向公众提供公共服务。PPP 模式是公共基础设施建设中发展起来的一种优化的项目融资与实施模式,这是一种以各参与方的"双赢"或"多赢"为合作理念的现代融资模式。其典型的结构为:政府部门或地方政府通过政府采购形式与中标单位组成的特殊目的公司签定特许合同(特殊目的公司一般由中标的建筑公司、服务经营公司或对项目进行投资的第三方组成的股份有限公司),由特殊目的公司负责筹资、建设及经营。政府通常与提供贷款的金融机构达成一个直接协议,这个协议不是对项目进行担保的协议,而是一个向借贷机构承诺将按与特殊目的公司签订的合同支付有关费用的协定,这个协议使特殊目的公司能比较顺利地获得金融机构的贷款。采用这种融资形式的实质是:政府通过给予私营公司长期的特许经营权和收益权来换取基础设施加快建设及有效运营。

2.ABS 模式的内涵

ABS(Asset-Backed-Securitization) 是以资产支持的证券化。具体讲,它是以目标项目所拥有的资产为基础,以该项目资产的未来收益为保证,通过在国际资本市场上发行债券筹集资金的一种项目融资方式。在初始阶段,通过在资本市场上和货币市场上发行证券,即以直接融资方式举债,这种资产证券化称为"一级证券化"或"融资证券化"。另一种资产证券化是指将已经存在的信贷资产集中起来、根据利率、期限、信用质量等标准加以组合,并进行

包装后转移给投资者,从而使此项资产在原持有者的资产负债表中消失;这种形式的资产证券化被称为"二级证券化"。

(四)四种投资模式之间的主要区别

上述四种投资模式产生背景和内涵不同,在很多方面都表现出很大的不同,如项目所有权和经营权拥有程度、融资成本高低、承担风险大小、项目适用范围等。从主要目的来看,各种模式被广泛运用于公共基础设施,都是为了扩大融资渠道、减轻政府财政压力、提高公共基础设施的投资效率等。

三、 BOT、BT 模式退出历史舞台的原因

(一)BOT 模式退出历史舞台的原因

(1)融资成本较高,因此要求的投资回报率也高。由于 BOT 项目的总投资规模很大,绝大部分的建设资金要通过银行贷款或发行企业债券等方式融资,融资成本较高,要求投资回报率较大幅度地高于贷款利率,因此对项目本身的收益要求较高。

(2)投资额大、投资期长、收益的不确定性大。BOT 项目都是大型基础设施建设项目,总造价一般都在十几亿甚至几十亿,建设和运营周期长,期间发生各种风险无法预测,收益并不稳定。

(3)合同结构繁多,包括与政府签订特

四种融资模式主要不同点分析 表1

比较对象	BT	BOT	PPP	ABS
短期资金获得	较易	较易	难	难
项目所有权	不拥有	拥有	部分拥有	不完全拥有
项目经营权	不拥有	失去转交前	部分拥有	拥有
融资成本	较高	最高	一般	最低
融资时间	较短	最长	较短	较长
政府风险	较大	最大	一般	最小
对宏观经济的影响	利弊兼备	利弊兼备	有利	有利
适用范围	所有项目	经营性项目	政策性较强的准经营性项目	有长期稳定现金流的项目

许权协议，项目公司签的股东协议，与承包商签订建设合同，与金融机构签订贷款协议，与保险公司签订保险协议等。企业为维护自身利益就必须花费大量精力做这些工作。

（4）有时融资杠杆能力不足，且母公司有时仍需承担部分风险。

（5）适用范围有局限，较适用于盈利性的公共产品和基础设施建设项目。

（6）面临的政治、经济、法律、自身等风险高，投资主体无法自主掌控。

（二）BT模式退出历史舞台的原因

（1）国际上还没有形成适于BT模式的通用合同文本，没有形成一整套解决工程索赔、争端的公认国际惯例，这对BT模式的顺利推广应用，是一个巨大的障碍。

（2）BT项目投资承包人的法律地位问题。由于BT项目投资承包人既是投资方又是实施方，而我国尚无有关项目法人投融资方式完整的法律法规体系，BT特许协议的法律性质，从不同角度可以得出不同的定性。

（3）BT项目投资承包人筹集资金的压力较大，而且过渡期时间较长，造成的风险也比较大，如政策风险、汇率风险、自然风险等。因此需要BT项目投资承包人有较强的融资能力和抗风险能力，同时，必须在签约过程中充分地进行合同谈判，使风险分担更合理些。

（4）BT项目缺乏应有的监管。在BT项目中，政府虽规定督促和协助投资承包人建立三级质量保证体系，申请政府质量监督，健全各项管理制度，抓好安全生产。但是，投资承包人出于其利益考虑，在BT项目的建设标准、建设内容、施工进度等方面存在问题，建设质量得不到应有的保证。

（5）对发起人而言，由于项目成功与否在很大程度上，取决于BT项目投资承包人的融资能力和管理能力，所以风险也比较大，因此必须选择各方面实力均雄厚的公司，以减少风险。

（6）BT项目建设费用过大。采用BT模式必须经过确定项目、项目准备、招标、谈判、签署与BT有关的合同、移交等阶段，涉及政府许可、审批以及外部担保等诸多环节，牵扯的范围广，复杂性强，操作的难度大，障碍多，不易实施，最重要的是融资成本也因中间环节多而增高。

（7）政府缺乏完善的偿债机制、信用机制，没有相应的法规规范政府的行为，政府对投资承包人做出的承诺缺乏保障，资金回收缓慢。

（8）BT模式融资成本需要政府加倍去买单，不但融资成本要给融资方，而且融资方需要政府另外支付融资收益，比正常政府平台去融资普遍增加了15%的费用。

四、万达投资模式的成功根源

（一）万达投资模式得到地方政府支持的原因

从政府层面来看万达广场的建设迎合了政府增加就业、增加税收、增加GDP等方面的需求。据介绍，截至2010年底，万达集团在全国开业42个万达广场、15家五星级酒店、600块电影银幕、26家连锁百货。据统计，万达集团目前开业的40余个万达广场创造稳定就业岗位超过40万人。事实上，从万达吸纳的就业人数来看，仅2013年，就新增就业人员10.8万人，占全国新增就业人数的1%。其中，大学生就有3.3万人。也就是说，如果全国有100家万达这样的企业，每年的新增就业人数就可以超过1000万，新吸纳大学毕业生就可以超过330万。

现在在建的万达广场最小建筑面积也要10多万平方米，大的万达广场有50~60万平方米，它已经成为城市中心，这么大体量的建筑群对地方的税收贡献显而易见。首先，建设期有少则几亿多则几十亿的建设规模，光建设单位和施工单位的营业税就要有几千万到上亿，这都是交给地方政府的地税；其次，这些建筑群会消耗大量的钢筋、水泥、砂石料等建筑材料，这些材料供应商又需要缴纳他们的营业税或增值税，这又有几千万或者上亿的税收；然后，运行期各家商场、酒店、写字楼等业主又会贡献一些税收，让地方政府受益的这些税收是源源不断的。济南首个城市综合体——万达广场正为市中区带来实实在在的"真金白银"。从2010年11月份开始万达广场开业9个月来贡献地方税收1.8亿元，整体税收4.5亿元。至于对GDP的贡献就更不用说了。

（二）万达投资模式得到市民支持的原因

从市民层面来看万达广场为他们提供就业和经商的机会，提高了城市生活质量，带动了周边房产的增值。

万达每到一个地方必定会改善同区域居民整体生活便利度，同时也会带动房价、租金上涨。以上海周浦万达和江桥万达举例说明。

万达入驻周浦之后，周浦政府对其周边道路进行了拓宽，围绕周浦万达广场进行了大规模商贸规划，正因为这样，周浦地区吸引了大量自住人群的目光，2010年开业，当年新盘成交达到5865套，比2008年增加4000多套，从拿地到2010年，3年周边房价上涨了112%。此后新房成交价格逐年攀升，短短5年间，周浦新房平均价格上涨了2倍多。

再看江桥万达广场，万达广场入驻之前，江桥板块的大型商业设施只有位于曹安商圈的国际鞋城、轻纺市场等，但是这些商业配套档次都比较低，并不能满足当地人更高的需求，万达广场的入住正好填补了这一空缺，并且，随着万达广场的进驻，整个江桥板块发展日渐成熟，吸引了很多买房者的眼球，进而板块新房成交量和房价迅速上涨。2008年江桥万达拿地后，到2009年板块的新房成交总套数是2008年的两倍多，2011年江桥万达开业一年，板块新房成交均价为17505元，较2008拿地之初年上涨了134%。

五、项目分区中不同类型的投资模式发展方向

（一）非经营性项目投资模式发展方向

基础设施的非经营性项目，主要指无收费机制、无资金流入项目，这是市场失效而政府有效的部分，其目的是为了获取社会效益和环境效益，市场调节难以对此起作用，这类投资只能由代表公共利益的政府财政来承担，如城市敞开式道路、城市绿化等。

非经营性项目投资主体由政府承担，按政府投资运作模式进行，资金来源应以政府财政投入为主，并配以固定的税种或费种保障，其权益也归政府所有。

目前地方政府非经营性项目资金来源主要有两个方面：一是政府财政资金，这部分资金来源于土地出让金、上级部门的转移支付、政府提供公共物品、服务的收费、税收等；二是以政府财政信用为基础的融资方式，如政府提供担保的贷款方式。上述资金有部分要维持政府的日常运行，所以用于非经营性项目的资金是有限的，为了拉动GDP、稳增长、保就业，各级政府都在找项目推动地方建设比如地铁、快速通道、城市道路管网等工程。资金缺口怎么办？按BT的办法是地方政府临时向企业借款，同时承担着高额费用，然后资金充裕了再还款，看似可行的办法其实是行不通的，本届政府借的债3~5年后还，但3~5年后下届政府靠税收和土地出让金等就能还上吗？答案是肯定的不能。目前非经营性项目出现了城市综合开发形式的投资模式，即企业以BT的方式完成基础设施建设，然后再由企业出资将基础设施两侧的地块进行土地一级整理。待生地变成熟地以后，利用土地出让金来有限支付基础设施建设费用和土地一级整理费用，剩余的资金按确定好的方式进行分配。若通过测算土地出让金不足以支付基础设施建设费用和土地一级整

理费用，则此项目无法进行立项实施，这样企业和政府的风险都被防控了。

（二）准经营性投资模式发展方向

基础设施的准经营性项目即为有收费机制和资金流入，具有潜在的利润，但因其政策及收费价格没有到位等因素，无法收回成本的项目，附带部分公益性。市场运行的结果不可避免地形成资金供给的诸多缺口，要通过政府适当补贴或政策优惠维持营运，待其价格逐步到位及条件成熟时，可转变成纯经营性项目。或在运行初期政府对亏损部分向投资方进行补贴，在运行后期收入大于支出时企业将利润拿出来与政府分享，这样企业和政府就形成了利益共同体，风险共担，利益共享。

（三）经营性项目投资模式发展方向

基础设施的经营性项目，是指有收费机制、有资金流入的项目。但这类项目又以其有无收益或利润分两类，即纯经营性项目和准经营性项目。

纯经营性项目（营利性项目），可通过市场进行有效配置，其动机与目的是利润的最大化，其投资形成价值增值过程，可通过全社会资金加以实现，如高速公路、收费桥梁等。

准经营性项目属全社会投资范畴，其投资主体可以是国有企业、民营企业、外资企业等，其融资、建设、管理及运营均由投资方自行决策，应有的权益也归投资方所有。

政府在基础设施项目中的特殊角色决定了它的主导地位，在政府财政预算收入日益减少的情况下，政府希望采取一定的经济激励手段尽可能引导社会资本，让社会资本参与基础设施项目的开发建设，以获取最大的经济和社会效益。而企业投资者追求的是个人利润最大化。基础设施服务市场需求的持续增长以及基础设施项目稳定的现金流对企业投资者具有极大的诱惑力。但基础设施项目稳定的现金流需要政府的政策支持。因此，政府的支持方式和力度是吸引企业资本参与市政基础设施项目并实行市场化运作的关键因素，企业资本只有看到政府对项目的支持方式及各种优惠政策能够满足基本的投资回报时，才会将资本投入基础设施领域。由于政府与企业投资者是具有不同利益目标的经济主体，政府融资更多考虑的是全社会效益最大化，而企业投资者考虑的则是自身经济效益最大化，他们谋求借助基础设施项目融资行为的发生，实现各自利益最大化目标，而且各自对利益目标的实现要依赖于对方的行为。因此，基础设施项目融资主体——政府和企业投资者发生融资行为及实现融资的过程实质上是一种博弈过程。

借鉴万达地产的投资经验，我们不难发现基础设施领域任何专业的投资都要形成政府、企业、市民的多赢才能走通，单独考虑一方利益是无法运行的。上述对三类项目进行了分析，提出了一些将博弈过程变成共赢过程的简单方案，具体实施还需要法律、政策、运行模式等多方面的支持，有待完善。

六、基础设施领域投资风险及防控

（一）基础设施领域投资主要风险

一个国家的基础设施建设投融资体制是一个包含着国家产业政策、金融制度、法规体系、职能机构设置等一系列因素在内的宏观体系。在具体的基础设施建设投融资实践中，每个地区因自身条件的不同会在方式方法上采取不同的措施。但作为企业无论在哪个方向投资都要充分考虑到该行业存在的投资风险。而且作为投资方，企业是融资的主体。结合我国现行的融资体制、基础设施特点及国内特性，笔者认为存在以下风险需要企业进行防控。

1. 来自政府的风险

（1）政府信用风险。政府信用风险是基础设施建设项目的主要风险。如前所述，基础设施建设项目均具有政府背景，虽然有的项目自身产生经济效益，但是，从基础设施建设项目的整体来看，还本付息来源很大程度上依靠由政府控制的土地出让金收益，并且，大多数贷款采用财政兜底担保。因此，政府的承诺届时能否兑现，完全取决于政府的态度。一是本届政府的信用度，项目进入还贷期限后，政府能否一如既往地信守其偿还本息的承诺，是银行贷款安全的关键所在；二是下届政府的信用度，因基础设施建设项目贷款期限长，还贷期涉及到二届甚至三届政府。

（2）政策性风险。在基础设施建设项目贷款中，土地出让金一直扮演着十分重要的角色，一般既作为还贷付息的资金来源，又作为贷款的质押权益，有的还作为项目的资本金。2003年以来，国土资源部和国务院先后下发了《关于清理整顿各类园区、开发区用地，加强土地供应调控》和《关于深入开展土地市场治理整顿严格土地管理》的紧急通知。国家在土地市场实行的严格管理对土地出让产生了直接的影响。部分土地由于国家供地指标冻结，无法办妥供地手续；部分原计划用于商住的用地，由于不合规定而要改变用地性质；部分土地可能存在审批手续不全而无法进入市场。另外，为保护城镇居民和失地农民的合法权益，土地出让费又将大幅增加。国家土地政策的变化将导致部分土地收益无法如期实现，或是根本无法实现，或是实现收益大幅度减少。

2. 来自投资主体的风险

（1）项目风险

①管理风险。项目投资规模巨大，涉及主体多，建设周期较长，如果在项目的建设管理中出现重大问题，则有可能使项目实际投资超出投资预算，影响项目的建设进程及投入运营。

②施工风险。项目是一项非常复杂的系统工程，施工建设受社会环境、地质环境等条件的影响较大，对工程建设的组织管理和物资设备的技术性能均要求严格。如果在管理和技术上出现重大失误，可能对整个工程的质量和效益产生重大影响。

③完工风险。包括项目建设延期、项目建设成本超支、项目迟迟达不到设计规定的技术经济指标、项目面临被迫停工的风险等。无论在发达国家还是在发展中国家，项目建设期出现完工风险的概率都是比较高的。

④环境保护风险。包括对所造成的环境污染的罚款、整改所需的资本投入、环境评价费用、保护费用以及其他的一些成本等。

（2）借款人风险

基础设施建设项目借款人一般为地方政策性投融资公司或国有资产经营公司，开发区采取由管委会出资组建相关的经营公司，土地储备项目则由土地储备中心（或地产集团）作为借款人。这些借款主体绝大部分由政府制定或应银行要求而新组建成立，隶属建设局、国资委、开发区管委会等某个政府机构。此类借款人往往注册资金不到位，资产、机构虚置，借款人与项目法人分离，缺乏监督和制约机制，行政色彩浓厚，市场化经营能力薄弱。虽然经过几年的改组运营，其职能已有所加强，但相当部分公司的经营决策仍未摆脱政府的行政干预。这些公司未成为真正的市场主体，离公司法要求的法人治理结构尚有一定的距离。

（二）基础设施投资风险防控措施

1. 政府风险的防范措施

对于已经融到的建设资金，以安全性为主，最大程度上保证后面的还款安排，之后才投入使用。减小债务性融资比重，扩大权益性和创新性融资比例，拓展内源性融资渠道。

2. 项目自身风险的防范措施

项目建设方通过建立较为完善的项目管理和财务管理制度，对于项目的事前、事中、事后等阶段采取财务监理制、工程审价制等一系列措施，控制项目建设的成本和资金的流程，确保工程按时按质完成以及项目投入资金的合理使用。⑤

适应经济新常态　加快改革求创新 *

李里丁

关于建筑业的改革，我去年写了一本书——《国有大型建筑企业改革与发展》，以回顾和总结地方大型建筑企业改革走过的历程，并且提出了今后建筑业如何转型升级的设想。当前国家经济发展已经进入到新常态，建筑业的高速增长和规模效益将要成为历史。在以后新的历史时期，建筑业必须要顺应国家经济发展的变化，实行全面的改革与转型，以求得创新和稳定的发展。

一是作为固定资产的建筑物管理体制改革，也就是是建筑物全寿命周期管理问题。目前，我国的经济发展速度非常快，城市建设的速度更快。在城市日新月异的同时，城市建设的资源浪费问题也非常的突出。在城镇化的专项调研中，我们发现很多建筑物使用寿命短、建筑物的维修改造没有规划、乱拆乱建现象严重，商品房包括保障房的空置率都比较高，造成了建设资源的极大浪费。现在我们都在提绿色建筑，我觉得绿色建筑首先应表现在规划、设计的绿色上，这是建筑物能否最大限度地发挥它全寿命周期的效益、能否最大限度地减少成本支出的问题。

建筑物全寿命周期管理对建筑业来说是一个新课题。国家颁布了《物权法》，也即将实行有效的登记制度，这是大势所趋。我认为大家应该投入更多的精力去研究这一个涉及到经济增长质量的大问题，使国家和个人投向社会

的固定资产发挥出它最大的效益和效用，这也是当前绿色建筑应该解决的一个根本问题。建筑物的维修、管理和保护现在在发达国家引起了高度重视，因为它占的总成本比建造成本还要高，因此对建筑物的规划、设计和施工的优化，也应包括运营期间的维修和管理等，这些都为建筑企业的转型升级提供了新的商机和发展前景。

二是建筑生产方式的改革即建筑产业现代化的问题。首先应该肯定，建筑产业现代化我们一直在做，在过程中既有经验也有教训。过去的装配式建筑在保温、抗震等问题上存在一定的短板，这是我们目前推进建筑产业现代化正在改进的地方。其次，实行装配式施工，市场需求和建造成本是目前需要解决的难题。十八届三中全会提出，让市场在资源配置中起决定性作用。政府的推动是非常必要的，但是政府不能代替市场，政府也解决不了企业的成本问题。装配式建筑的价格是由市场决定的，政府要推进这一工作，可以在引导消费、引导市场上多下功夫，同时从环境保护上出台硬性的政策约束，这样就会给产业的转型发展打开一条通道。

日本在建筑产业化方面发展比较有特色，其发展并不是盲目的，而是将装配式建筑和企业的施工工法结合起来，寻求效益的最大化。而我国目前发展装配式建筑的着眼点只在装配

---

* 本文作者为中国建筑业协会副会长、陕西省土木建筑学会理事长、陕西省人民政府参事,本文为作者在"风起云涌改革潮——中国建筑业企业改革与发展"座谈会上的发言。

化本身，这是误区。我认为，建筑产业现代化应该从实际出发，逐步推进。要解决大型企业设计、施工一体化的问题，建筑产业现代化如果没有一体化的设计、施工、装配生产，成本和后续发展都是有问题的。

三是建筑市场交易方式的改革，就是招投标办法的改革问题。住房和城乡建设部近期出台的文件对此已经有了涉及，下一步改革方向也已经明确。目前，整个建筑市场供过于求的矛盾突出，供求关系失衡导致了过度竞争，从而加剧了招投标活动中的不正当竞争，并引发了挂靠联营等很多问题，导致了交易成本过高与寻租和腐败问题。因此，就挂靠问题来抓挂靠，并不能解决实质问题，其根源在于招投标制度和企业主体的管理。建筑业要健康发展，必须要解决好这些问题，为企业提供一个宽松、平等、公正的市场环境。逐步放宽限制，由建设主体自主选择总承包的施工企业，让市场在资源配置中起决定性作用，让主体企业自觉地诚信经营，也可以大大地减少市场运作中的资源浪费。

四是建筑企业产权体制的改革。我认为改革应该从实际出发，体现效益和效率。建筑企业30年的改革出现了两种情况，一种情况是江苏、浙江为例的在改革开放的初期就走的国有产权退出的道路；第二种是中央和部分省级国有企业因为规模大、人数多，在减人分流和清还债务中逐步改革，现在基本还是国有控股。目前，国有企业和民营企业都在同一条起跑线上，这个时候国有企业的改革我认为主要还是要解决机制的问题，提高企业的利润率。混合所有制是国企改革的一个方向。企业经营者参股或相对控股，对于企业的持续发展和维系职工的感情及利益都是有着长远意义的。如果说要合作，可以和建筑业有密切联系的设计、投资公司等产业上游企业联合。总之，混合所有制的具体实施不能一刀切，要以提高效率和效益为目标，从企业的实际出发，走自己的路。

五是项目管理的改革。项目管理不是独立的，应该和企业的法人管理结合起来。之前，企业的管理重在项目，项目承包制在企业发展中发挥了巨大的作用，现在，企业的法人治理和法人经营应该发挥主体作用，承包制要逐步转向和企业一体化的、服从企业整体经营的管理体制，项目管理必须服从企业整体经营需要。现在国有企业的利润率比较低，我觉得这不能说企业经营得不好，主要是国有企业分割利润的主体太多，表现在企业层面的利润相对地比较少。要解决这个问题就要解决企业法人治理的问题，这必然带来另一个问题即项目管理人员的薪酬问题。企业搞法人管理，项目搞承包，这必然是有矛盾的，因此，项目管理人员的薪酬制度必然要实行新的改革。

六是产业工人队伍的建设问题。住房和城乡建设部王宁副部长说希望大企业建立自己的产业工人队伍，把农民工纳入企业中来。当然，这个纳入是相对的，农民工不可能像过去一样成为固定的工人，城市可以解决农民工的房子问题、社保问题，但是他们却没有归属感。农民工需要相对地在一个单位固定下来，虽然不能像过去那样绝对地稳定，但是要相对地稳定，这样才能真正成为城市的人口，而不是城市里的游民，也才能谈得上建筑产业工人队伍的建设，这个问题值得深入研究。⑤

对建筑装饰行业发展的分析与思考

窦 法 平

（中国建筑装饰集团有限公司，北京 100037）

建筑装饰行业是以建筑和其他构造物的空间与环境设计和营造为核心业务的现代服务业，是对人类居住、工作、娱乐、出行等活动空间与环境的再创造。建筑装饰是对建筑工程后期的装饰、装修和清理活动，以及对居室的装修活动。

一、建筑装饰行业在经济社会发展中的作用

建筑装饰行业是同经济发展和社会进步紧密联系的行业。我国建筑装饰行业的发展历程充分证明，建筑装饰业是在社会分工专业化发展中崛起的一个焕发活力和生机的古老行业，它不仅为国家、社会创造了大量的物质财富，同时带动了众多行业的发展，拉动了社会需求，推动了社会消费，还解决了上千万人的就业问题，在国民经济和社会发展中占有日益重要的地位。

（一）建筑装饰业为国民经济增长做出了贡献

按照产业经济学的理论，衡量一个行业在国民经济中的地位和作用，主要有三个指标：一是行业比重，二是行业关联度，三是市场需求度。其中行业比重可以通过计算年产值与GDP的比例而间接考虑。

进入21世纪以来，伴随着中国经济的快速增长以及相关行业的蓬勃发展，建筑装饰行业愈加显示出来其巨大的发展潜力，装饰企业、施工产值、从业人员等每年都以18%左右的速度递增，远远高于GDP的增长速度，为国民经济增长做出了显著贡献。建筑装饰业总产值由2003年的0.72万亿发展到2012年的2.63万亿，年平均复合增速约为17%，"十二五"规划纲要中表示，到2015年，全国的建筑装饰行业工程产值力争达到3.8万亿元左右，比2010年增长1.7万亿元，总增长率为81%。

建筑业是我国国民经济五大支柱产业之一，有建筑就得有装饰，建筑物的档次主要体现在装修工程所占的比重，装修比重越高，建筑物的档次越高。在近十年的发展中，由于对建筑物外观质量和内在环境质量的要求不断提高，使装饰装修的比重在建筑工程总造价中不断提升，在高档建筑设施建设中，装饰装修已占工程造价的40%以上。

房地产业也已成为拉动国民经济增长的一支重要力量。据最新资料，我国城镇和农村人均住房建筑面积均突破20平方米，达到中等收入国家水平。我国的住房已经基本告别了短缺时代，人民的住房正在由生存型向舒适型发展。建筑装饰业是这一转型的主要推动力量。

（二）建筑装饰业对拉动内需和扩大就业起到积极作用

扩大内需是我国长期坚持的一项战略方

针，这是由我国的基本国情决定的。扩大内需有两个要点：一是要有购买能力，二是要能转化为实际消费。因此，一方面需要积极扩大就业，增加城乡居民收入；另一方面需要促进消费观念的转变，培育消费热点。建筑装饰业在这两个方面都能发挥决定性的作用。

我国就业增长最快的是城市民营企业和个体就业数量，吸纳了大量劳动力。建筑装饰业是在市场经济体制下发展起来的，是实行市场化较早的行业，多种所有制并存，尤其是民营企业和个体就业最多。同时，建筑装饰业又是比较典型的劳务密集型行业，扩大就业的能力较强，对农村劳动生产力的转化也极为重要。

建筑装饰行业吸纳劳动力有四个途径。途径一是建筑装饰工程吸纳劳动力。这主要是通过装修装饰工程的施工，组织劳动力完成工程项目，这部分能吸纳近850万名劳动力。途径二是通过建筑装饰材料销售吸纳了大量劳动力。据统计，仅北京市现有大、中型建筑装饰材料市场113家，共有销售摊位近7万间，大致安置就业人口20万人左右。全国这部分劳动力的数量在400万左右。途径三是通过建筑装饰材料的生产、加工吸纳了大量劳动力，保守测算为社会提供100万左右的就业机会。途径四是通过对建筑装饰工程的市场运作，提供了很多新的就业岗位，随着装饰工程量的扩展，社会中介组织就会应运而生，咨询、技术等服务机构就有了发展空间。按以上测算，建筑装饰业每年为社会提供的就业岗位在1500万人左右，占整个城市就业人口的7.3%，影响面相当大。

家庭装修已经成为城市居民较重要的一项投资。在"小康不小康，关键看住房"思想的引导下，居民对家居环境、室内装修的重视程度日益提高，支出的比例不断加大。对我国家庭装饰业主的访问调查结果表明，60%以上的

人追求的是一次到位，有几年之内不落伍的要求，这也是中国人在居住环境消费观念方面的一个重要的转变，是装修装饰普遍发展的一个重要例证。

根据我国家庭装修每年3000亿元工程量的测算，每年装修装饰材料的流通量为1500亿元，直接拉动整个商业零售额提高7%以上。如果再考虑到由于居住环境改善引发了其他日用消费品的需求，建筑装饰行业对商业零售额增长的贡献率将超过10%，极大地带动了商业市场的繁荣。通过对商业空间的设计与施工，我国商业购物环境有了明显的提高，增强了商业机构的吸引力，也创造了更多的商机。

建筑装饰行业还推动了旅游业和餐饮娱乐业的发展。饭店装修标准的提高，星级宾馆饭店数量的增加，旅游设施的完善，餐饮环境的改善等，都会扩大人们交往旅游、娱乐的需求，从而产生出更多的消费支出。

（三）建筑装饰业对相关产业的带动作用较大

产业关联度即某行业能直接或间接带动多少行业发展，也是衡量一个行业在国民经济发展中的作用的重要指标。以我国建筑装饰行业年工程总产值5500亿元计算，其中50%要以各种材料的形式表现，因此为相关生产行业提供了2750亿元的市场，极大地带动了相关生产行业的发展。在发挥直接拉动作用的同时，建筑装饰业的发展还促进了相关产品质量和技术含量的提高，以及产品结构的调整，使各相关行业能够获得更多的发展空间。

从发达国家城镇化发展经验证明，在城镇化率突破50%，将实现社会结构的历史性转变。2010年，我国人均国民总收入为4260美元，首次由"下中等收入"经济体转变为"上中等收入"经济体。2011年，我国城镇化率达到51.27%，城镇常住人口首次超过农村人口。这两个"首次"

意义重大，标志着我国开始由乡村中国向城市中国转变，我国经济社会和城镇化进入新的发展阶段。今后，在统筹城乡发展、改变二元经济结构、实现城乡人口转移、优化城镇空间布局、加强城镇产业支撑、跨越"中等收入陷阱"等方面，我们还将面对城镇化持续发展的重大挑战。从世界范围看，中国如此大规模、高速度的城镇化史无前例，要探索工业化、城镇化和农业现代化协调发展的新路，坚持工业反哺农业、城市支持农村，充分发挥工业化、城镇化对促进农民增收、加强农村基础设施和公共服务的辐射带动作用。

我国城镇化率的不断提高，有利于建筑装饰行业的发展，同时，建筑装饰行业需求也将会更加多元化和高端化，也对建筑装饰行业的标准化和差异化提出更高要求。建筑节能不仅体现在建筑本身，还体现在建筑装饰装修上。建筑装饰装修节能指通过实现装修装配化、工厂化、批量化而使工程达到节能、节材、环保的要求。

二、建筑装饰行业当前存在的主要问题

建筑装饰行业虽然取得了长足进步，为国民经济发展和社会进步做出了突出贡献，但在发展中存在着诸多问题，主要表现在以下几方面：

（一）装饰市场秩序比较混乱

一是市场主体资格混乱。目前近20万家建筑装饰企业，具有建设行政主管部门核发的建筑装饰设计、施工资质、营业执照的仅有2万多家，还有近4万多个兼有建筑装饰装修资质的建筑企业。管理部门多元，资质多样，市场混乱。二是市场主体经营行为不规范。由于大量不合法经营企业进入市场，使我国现有装饰企业数量及工程承接能力总量与工程年需求量相比供大于求，企业间杀价竞争现象十分严

重，整个行业已经到微利行业状态，有些项目甚至出现因报价过底而产生亏损，施工过程中使用改设计、降标准、拖工期等手段，导致影响施工质量，留下安全隐患，严重影响企业及行业发展。三是借用资质、层层转包现象普遍，实施者管理、技术力量差，施工质量难以保证，引发责任、经济纠纷增加。

（二）装饰行业科技进步缓慢

综观建筑装饰行业发展，行业科技进步的发展速度相对缓慢，科学技术对行业发展的贡献率低，已经成为阻碍行业可持续发展的重要因素。从经济角度分析，工程造价构成上劳动力支出比重较高，大约有30%~35%是设计、施工组织管理和现场操作人员的人工费用。新创造的价值，主要体现为大量使用劳动工人的工资，创利能力不强。从企业接受新技术能力角度分析，企业技术吸收能力差。从技术进步对行业发展的作用分析，技术贡献率低，主要依靠新的资金、劳动力的不断追加投入，没有形成行业技术上的重大突破，以技术发展拉动市场扩展的作用和效果不明显。从社会资源利用角度分析，资源消耗严重，材料复合化和深加工程度低，资本有机构成低，劳动强度大，产生粉尘、噪声、污水等环保问题多。从行业劳动力角度分析，从业者队伍多是农村转移的富余劳动力，文化及专业技术素质较低，接受正规专业教育少，对新技术、新材料、新工艺的理解和掌握上均有难度。从行业市场运作上看，技术在市场中的地位低，多数企业间技术档次没有明显的差距。拥有自主知识产权的核心技术少，因而都在同一技术水平上进行市场竞争，只能运用商业手段，如价格、广告等进行激烈争夺。形成行业科技相对落后的原因主要以下几点：

（1）企业起点低、传统意识强。行业内绝大部分是新企业，运营时间短、企业实力弱、专业性差，科技进步与创新的投入力度小。

（2）市场扩张迅速快，企业发展空间较大。以技术创新创造市场的态势尚未形成，建设单位或业主对科技进步要求不高，企业技术创新的热情受到抑制。

（3）企业管理体制形成的阻力。企业分为专业承包商和专业劳务分包商，劳务分包商在施工第一线，应该是技术创新的重点，但工程是由有工程承包资质的承包公司承接，注重的是经济收益，很难对劳务分包商进行技术创新的资金、物力和人力的投入，影响到新技术、新机具、新工艺的推广与应用。

（4）来自国际及相关产业的竞争压力不大。建筑装饰装修是一个劳动密集型行业，就施工过程来讲，来自国际上的竞争较少，上、下游的产业部门竞争虽然存在，但对行业内企业整体发展的影响不大。

（5）行业自身的特点。建筑装饰行业是一个流动性施工作业的行业，每项工程是单件式的生产，在人们普遍追求和张扬个性化的条件下，实现工业化生产有很大的困难和阻力。

（6）市场不规范。很多项目是由业主控制材料采购和分包商的选择，很难准确选择科技含量高的材料和技术力量强的队伍，业主投资力度不足，但期望值很高，过分追求表面的豪华，忽视材料及工程的科技含量。

（三）资源利用、节能环保问题比较突出

建筑装饰工程使用天然材料，属于资源消耗型行业。由于材料生产技术装备差，施工技术水平较低，设计、施工的标准化程度低，造成资源利用率低。施工产生噪声、粉尘、垃圾较多，给环境带来较大负面影响。装饰装修设计不合理，材料、部品、设备、设施选型不科学，造成建筑物的使用成本高，能源消耗高。

三、装饰行业发展前景

建筑装饰行业也不可避免地受到宏观经济的制约和经济政策、社会政策的影响。持续进行的房地产调控，以及近期出台的党政机关停止新建楼堂馆所政策，加重了对未来市场的担忧。据中装协研究，这种担忧没有必要，需求决定供给，需求是经济增长最坚实的动力。新型城镇化与建筑品质消费造就巨大市场需求，将支撑行业持续较高速度发展。

（一）新型城镇化带来的增量需求

光大证券的研究表明，2013年、2014年、2015年，新增住宅面积分别为92254、94029、95804万平方米，新增公共建筑面积分别为18451、18806、19161万平方米，假定新建精装占比30%、装修造价1000元/平方米，公共建筑装修造价1500元/平方米，每年带来市场需求至少1.5万亿元。

（二）城市轨道交通拉动市场空间

我国轨道交通还处于初步发展阶段，2012年全国有35个城市在建轨道交通线路82条22段，总里程2016公里，建设车站1388座，预计总投资2600亿元。2020年，我国城市轨道交通累计运营里程将达到7395公里，保守估计需要3万亿投资，其中装饰也将占有相当大的份额。

（三）城市综合体、高端酒店也将助力装饰产业升级

城市综合体因其规模宏大、功能齐全，常被称为城中之城。比如万达集团目前已开业67座万达广场（其中包括38家五星和超五星酒店、115家五星影城、57家百货商场），计划到2015年开业110座万达广场；绿地集团是城市综合体开发的后起之秀，近两年已投资500多亿。目前正在筹建和前期规划中的酒店数量约为700个，假定每个酒店装修投资为1.5亿元，每年新增装饰市场350亿元。

（四）建筑竣工面积是建筑装饰存量需求的前瞻性指标

公共建筑装饰更新周期大约5~8年，进

行二次装修比例80%~100%；家庭住宅装饰装修更新周期为8~12年，进行二次装修比例为50%~80%；20世纪末存量的各类建筑陆续进入二次装饰需求释放阶段，据行业协会估算，未来3~5年，国内装饰存量市场需求每年将达1.3万亿至1.7万亿。

五、建筑装饰行业存在问题的思考

建筑装饰行业的健康、可持续发展，必须与现实问题的思考与解决相呼应，寻找规律与逐步解决相结合，科学发展与质量提升相促进。

（一）发挥市场的决定作用，规范市场秩序

建筑装饰行业是典型的大行业、小企业，政府部门要制定公平公正的投标竞价规则，当好裁判，充分发挥市场决定作用的潜能，杜绝暗箱操作，加大违规处罚力度，保证招标程序、结果、公示公开透明。

（二）加快推进建筑装饰行业标准化建设步伐

从资源节能、节能环保、提升效率、国际对接角度出发，加快有关节能、环保材料强条标准的出台，加快建筑装饰材料规格、化学成分标准的统一，工艺做法的统一，进而促成建筑装饰设计的标准化。从而有效减少和杜绝建筑装饰大部分设计异型、材料异型、做法异型的怪病，加大采用异型或定制材料的成本，达到减少资源浪费，节约社会财富的目的。

（三）加快推进建筑装饰行业工厂化

建筑装饰行业工业化是以局部工厂化开始。建筑装饰工厂化是指将装饰工程所需各种构配件的加工制作与安装，按照体系加以分离，构配件完全在工厂里加工和整合，形成一个或若干部件单元，施工现场只是对这些部件单元进行选择集成、组合安装。

建筑装饰工厂化克服了人工制作的随意性和某些技术上的不可操作性，施工质量和精度都大幅提高；构配件的生产全部在工厂里进行，采用机械化操作，其加工制作速度和质量是手工操作无法比拟的，部件的集成整合与安装分开，又大大提高了专业化程度，劳动效率大幅提高；工厂化装饰以机械化、专业化、批量化为基础，各环节的工作又可同步进行，可大大缩短施工时间；采用工厂化生产，材料的边角料可以得到充分利用，材料利用率提高，通过批量化、流水化生产，可以达到降低成本的规模效应；机械化操作优势又可使基层与面层、部件与部件的连接方法更为简便经济；加上劳动生产率的提高等因素的影响，成本可大幅降低。

推行工厂化装饰有利于优化行业竞争结构，提高产业集中度水平，使市场份额的分布趋于合理，社会资源配置得以优化；有利于提高装饰行业科技含量，进而带动相关科技应用水平；有利于国家强化规范装饰市场，实现优胜劣汰，使我国装饰行业得以健康发展。

中装协提出，到2015年，在新建工程项目中，成品化率争取达到80%以上；在改造性项目中，成品化率争取达到60%以上。

（四）加快推进建筑装饰行业绿色环保

中装协"十二五"规划提出行业环境发展目标：到2015年，随着产业化、工业化的发展和环境保护制度的落实，争取环境负荷进一步降低。其中万元产值装饰装修工程产生的垃圾数量，力争下降40%；万元产值的有害物质排放量，力争下降50%；竣工工程能源、水资源消耗量，力争下降30%。要通过施工现场生产技术的发展、新材料的应用、成品比例的提高、物资回收制度的完善，减少施工作业中的噪声、粉尘、震动，降低污水排放、异味排放、废弃物数量，提高施工现场的环境质量水平。要把环境美观舒适与绿色清洁相结合，让我们生活的空间清新雅致，绿草青山，碧水蓝天，幸福当代，惠及子孙。⑤

化解水泥产业产能过剩

——加快转变水泥产业发展方式之探索

周海军

（中建西部建设股份有限公司，乌鲁木齐 830063）

水泥产业作为我国重要的基础性原材料行业，对制造业及其他下游产业具有广泛而重要的支撑作用，其产能过剩和低质量的发展方式不仅仅关系到其行业本身的健康和可持续发展，也会对其他相关产业产生重要影响，同时也会造成较大的社会负面效应，为此，化解水泥产业产能过剩，加快转变其发展方式之路势在必行。

一、水泥产业产能及发展方式现状

1. 水泥产业产能现状

截至 2012 年年底，全国将近 629 条水泥生产线，当年新增熟料产能达 7.1 亿吨。2012年，全国水泥生产能力达到 30.7 亿吨，水泥产量 22.1 亿吨。水泥产能利用率 73.7%。目前正在建设的新型干法水泥生产线约有 290 条，熟料产能约 3.5 亿吨，水泥产能约 5.6 亿吨，若全部建成投产，水泥产能将达 36.3 亿吨。另按每吨水泥投资 380 元计，2012 年水泥过剩产能约9 亿吨，在建产能 5.6 亿吨，若全部建成投产，合计将造成投资闲置和资源浪费约 5548 亿元。

当前，水泥产能过剩是全方位、全国性的，而且已经产生了重要影响和后果，企业亏损面和亏损额不断增加。2012 年，水泥制造业全年利润总额同比下降 32.8%，亏损企业比率上升到 24%。

2. 水泥产业主要发展方式

水泥产业的发展方式总体上仍处于靠增加投资、扩张规模的粗放型发展模式，发展路径窄，发展模式单一，初级产品多，特别是近年来只注重横向发展，一味扩张规模，对延伸产业链、发展深加工制品，提高产品附加值等加快转型升级换代的要求理解不深，实施不利。行业技术创新能力不足，自主知识产权较少，技术储备不足，转型升级缺乏技术引领支撑。

3. 水泥行业产能严重过剩的成因

（1）水泥行业的发展方式没有得到根本转变，行业发展总体上仍处于增加投资、扩张规模的粗放型发展模式，发展路径窄。

（2）经济高速增长的推动。随着我国工业化和城镇化进程的加快，基础原材料产业产能规模急剧扩张，资源能耗投入量大。同时，受发展观念、发展阶段、发展环境等因素的影响，"重数量，轻质量，重规模，轻效益"的现象十分普遍。企业通过简单扩大再生产就能获得较好的利润，并在较大的市场预期下加速扩张产能规模，且水泥行业由于投资大，劳动力密集，企业进出市场困难，易形成产能过剩。

（3）地方政府的投资助推。受我国现行财税体制和干部考核体系影响，地方政府在政绩考核压力下，热衷于建设投资拉动大、工业增加值和税收、就业贡献高的项目，特别是对技术成熟稳定、进入门槛低、建设风险小的建筑钢材、平板玻璃、水泥、电解铝等项目热情较高，有些投资行为已经背离了市场经济规律和产业发展规律，导致一些区域出现了比较严重的盲目投资和重复投资。同时，这也是淘汰落后产能，实施跨区域兼并重组的主要阻力之一。

（4）生产要素价格机制扭曲。在我国经济发展过程中，土地、劳动力、资源等价格均存在不同程度的扭曲，没有真实反映企业生产经营成本，特别是存在一些地方政府违规对企业实行税费减免，土地优惠、公共资源配置等各种形式的投资补贴，严重影响了企业产能投资行为和市场竞争。同时，一些地方政府以放松环境政策作为吸引高污染行业企业的手段，降低了企业的排污和环境成本，从而导致高污染行业过度的产能投资。

（5）受国际分工地位的影响。随着对外开放的不断深入，我国加快融入全球生产和贸易体系，制造业规模位居世界前例（我国水泥产业产量世界第一），但在国际产业分工中仍处于中低端位置。与此同时，过大的生产规模和过多的产能行业，也导致了国内资源、能源环境等要素约束不断加剧。随着劳动力成本优势减弱，中低端的产业位置也不断被新兴国家所取代。特别是国际金融危机发生以来，全球经济进入了低速增长的结构调整期，外需严重萎缩和内需持续不振相互叠加，使产能过剩矛盾更加凸显。

二、化解水泥产业产能过剩的对策和建议

从上面的分析论述中我们可以清楚看到，化解水泥产业产能过剩已迫在眉睫，刻不容缓。

（1）遏制一批，防止产能过剩继续加剧。尽管水泥产业产能已经严重过剩，但一些地方政府和企业只从自身角度与利益出发，想用自己的新增产能去挤占他人市场，如果允许这种

情况继续发生，将给行业带来灾难。为此，要坚决遏制在建、拟建水泥项目，采取强制措施，管住入口，严禁建设新增产能项目。同时要求各地政府，按照国发[2013]41号文件要求，严格执行国家投资管理规定和产业政策，加强水泥项目管理，各地方、各部门不得以任何名义、任何方式核准、备案新增产能项目，各相关部门和机构不得办理土地供应、能评、环评审批和新增授信支持等相关业务。对未按土地、环保和投资管理等法律法规履行相关手续和手续不符合规定的违规项目，地方政府应按照要求进行清理。凡是未开工的违规项目，一律不得开工建设，凡是不符合产业政策、准入标准、环保要求的违规项目一律停产；所有在建违规项目的处理结果均向社会公开。加大对违规建设项目的检查力度，由发改、工信、国土、环保等部门联手，对于违规盲目建线、新增产能的企业予以相应的处罚；将违规企业列入黑名单，在申请国家专项资金等方面不予考虑。

（2）消化一批，开拓产业应用范围，增加深加工制品。水泥企业应主动开拓市场需求，增加品种，提升产品质量，扩大消费渠道，满足消费结构不断升级、建筑现代化和节能建筑的发展要求，具体对策和建议如下：

一是积极开拓国内市场，立足工业化、信息化、城镇化和农业现代化及国防建设等方面需求，开发优质水泥和特种水泥，增加应用领域。

二是满足节能环保绿色发展的新要求，将水泥产业增加消化的重点放在增加功能、协同处置城市垃圾，与其他材料复合尤其与墙体材料和预制件结合，扩大应用量。

三是服务新农村建设，落实建材下乡政策。落实建材下乡政策是推动消化产能过剩的有效措施。建议中央财政列出专项资金，支持、推动建材下乡政策和工作的进一步落实，以支持、推进新农村建设和城镇化建设，促进优质建材产品的市场开拓，应用和化解产能过剩。

四是对部分产能规模小、技术研发能力弱、工艺装备水平较低、技术经济指标差、能耗排放指标不合格、市场竞争力弱的水泥企业，根据所在地的经济发展需要，可将这些企业转为生产其他建材产品。

（3）淘汰一批，促进产业结构升级。《指导意见》明确要求，到2015年年底前，要淘汰水泥1亿吨落后产能，具体对策如下：

一是提请与督促各地政府与有关部门，严格执行《产业结构调整指导目录（2011年本）（修正）》的规定，按期、彻底淘汰规定的落后产能。要求各省（区、市）制定淘汰水泥落后产能的时间表，上报国家主管部门，并在媒体上进行公示接受监督。

二是加快水泥能耗、排放标准的修订和检查实施力度，适时提高相关要求和标准。凡是能耗、排放不达标的，不管什么工艺，不论何时建成都应列入下一轮淘汰的范围。

（4）整合一批，优化存量，提高产业集中度。加速水泥产业的兼并重组，提高资源配置效能与生产集中度。积极支持兼并重组后的企业优先申请国家技改资金，开展技术改造，依据现有生产线开展以协同处置、节能减排为主要内容的技术升级，脱硫脱硝等升级改造。

（5）转移一批，加快国际化经营步伐。发挥水泥产业的技术装备、工程承包、经营管理优势，引导部分企业集团主动将发展布局，由单一的国内发展转向国内、国外两个市场共同经营，从国内重组建设和产能过剩中拔出来，将新建产能转到在国外投资建厂，占领国际市场，拓展新的业务和利润增长点，形成一批国际化企业集团。推动政府有关部门研究制定鼓励具有技术、管理、资本优势的企业集团"走出去"发展的扶持政策措施。

（6）提升一批，为实现世界领先，为化解水泥产业产能过剩，加快建材工业转型升级步伐，增强我国建材工业总体竞争能力和水平，

行业协会要组织实施水泥技术装备研发工作，使我国水泥产业的技术装备水平和节能减排、主要经济技术指标、产品品种质量等方面在3~5年内达到或领先国际水平的目标，使水泥产业技术装备水平得到提升，由中国制造变为中国创造，进而以此为标准，推动水泥行业科技创新，提升各项经济技术指标，全面提高水泥产业的技术水平，为优化行业存量和今后新的发展，以及进一步淘汰相对落后的产能奠定基础。在这方面需要提示的，一是提请政府有关部门在配套政策、研发相关资金、示范项目建设等方面给予大力支持和帮助；二是水泥重点企业自身应积极参与，勇于创新。

化解水泥产业产能过剩为解决资源浪费、遏制水泥企业当前效益下滑的主要途径和当务之急，加快转变水泥产业经济发展方式乃至实现科学高效的经济发展方式才是水泥产业健康、可持续发展的长效之策。

三、加快转变水泥产业发展方式之路

党的十八大面向2020年全面建成小康社会，确定了加快转变经济发展方式的阶段目标，明确了加快转变经济发展方式的总体要求，提出了加快经济发展方式转变的重要任务，同时加快转变水泥产业经济发展方式已是实现产业高质量发展、突破资源短缺瓶颈制约、缓解生态环境恶化压力的客观与必然要求。

水泥作为国民经济建设的基础性原材料，同时水泥又是一种中间产品，它以水泥混凝土、砂浆和水泥制品等形式广泛应用于各类建筑工程中，作为传统产业，水泥产业在加快转变经济发展方式之路的选择上，应着重考虑以下几个方面的内容：

（1）从突出速度、高速增长的经济发展方式向更加注重质量和效益的发展方式转变。

改革开放以来的30多年，我国保持了年平均将近10%的高速经济增长，伴随我国经济

的高速增长，水泥产业也是一路高歌，2012 年水泥产业规模居世界第一位，但水泥产业高速发展的同时带来了产能严重过剩、资源衰减、环境污染、企业之间同质化竞争等一系列突出问题和矛盾，行业和环境的承受力加速递减，已达不堪重负的程度，2012 年我国水泥行业毛利率仅为 16.3%，而国际水泥行业平均毛利率超过 40%。2012 年全国水泥行业实现利润总额 657 亿元，同比下降 32.81%，所以我们不能再追求速度增长方式：

首先，我国经济从高速增长阶段进入到适度高速增长阶段，作为水泥产业在发展方式上要解放思想，转变发展思路。快速实现从数量到质量、从速度到效益、从快速粗放式增长方式到集约精益化增长方式的转变。

其次，按照党的十八大提出的到 2020 年两个翻一番的目标，新世纪第二个十年，我国的经济增长率年均必须在 7% 左右，根据本世纪中叶基本实现现代化的目标，前半个世纪的后 30 年，我国的经济增长也要保持相当的速度。因此，要完成到 2020 年全面建成小康社会的奋斗目标，2050 年前后实现现代化的第三步发展战略目标，按照实现民族复兴伟大中国梦的要求，我国也要防止跌入中长期低速经济增长，甚至经济停滞的困局，必须保持适度的稳定增长。这就确保了水泥的长期刚性需求；同时，水泥是基础建设的粮食，政府加大了对基础设施建设、公共服务及信息和节能等产业的投入，新型城镇化政策的出台，都为水泥行业带来长期需求利好。因此，水泥行业需求不是问题，只要能限制新增，减少供给，就能够有效维护市场供需平衡，促进行业整体效益的提升。

（2）从靠增加投资、扩张规模的发展方式向产业结构优化升级型经济发展方式转变。

一是加快水泥产业第二代新型干法水泥技术的创新发展，即在第一代新型干法水泥技术的创新发展，即在第一代新型干法水泥技术的创新发展，即在第一代新型干法水泥技术的创新发展的

基础上，第二代新型干法水泥生产技术仍然以悬浮预热和预分解为主要工艺技术特征，将由包括高能效预热分解和烧成技术、低氮氧化物和粉尘排放技术、废弃物协同处置技术、原燃料替代技术、料床粉磨技术、新型低碳水泥技术等六大技术体系表征。第二代新型干法水泥技术的创新发展，将使水泥熟料生产系统具有更高能效、更低排放，安全无害化处置和资源化利用废弃物的环保和循环经济功能，以及先进的安全、自动化和智能化管理水平。第二代新型干法水泥技术的创新提升将通过 3 个层面实现：第一是争取国家的重大科技专项政策支持，这主要是针对一些行业共性及关键技术；第二是通过企业自主发起的产业技术创新联盟，解决单一企业解决不了的技术创新；第三是在优势企业内部进行的技术创新，这主要是解决一些专项技术问题。

二是推进企业兼并重组，提升企业的市场竞争力、国际竞争力。日前水泥产业已进入严重的产能过剩发展期，但也是推进水泥企业淘汰落后产能、优胜劣汰、兼并重组的有利时机。推进企业兼并重组，主要是鼓励行业里龙头企业、优势企业兼并重组落后企业、困难企业，鼓励优势企业强强联合，以提高规模效益，鼓励关联企业、上下游企业联合重组，推动水泥行业增加集中度，走优化存量、减量发展，优化产业结构的可持续发展道路。从全球各国市场经济发展的历程看，市场经济发展到一定程度必然会带来行业的整合和重组，这是开展产业结构调整的重要途径。

（3）水泥行业积极拓展对外发展空间，探索国际化发展方式。

水泥行业积极拓展对外发展空间：一是寻求外国市场投资机会，将在国内投资建成的能量在有市场需求潜力的国家进行释放；二是将中国水泥工业的新型干法水泥技术和装备在外国进行推广和应用，这样既达到快速降低新增

水泥产能的投资增速，起到了化解水泥产能过剩的目的，也有利于推进中国水泥企业走向国际化；三是可提高水泥产品的国际贸易量，在水泥产品的国际贸易方面，目前每年的水泥和熟料出口量在2000万吨以内，相对于每年20多亿吨的水泥产量来说是微不足道的。因此，要扩大国际市场就要创新国际贸易方式，尽快建立健全贸易投资平台和"走出去"投融资综合服务平台已是当务之急，同时创造良好的国际投资环境也有待于政府和国家外交方面提供必要的条件。

（4）从资源高耗型经济发展方式向资源节约型经济发展方式转变。

加快转变水泥产业经济发展方式，必须提高发展质量，突出表现为降低发展的资源成本，建设资源节约型经济体系。

水泥行业是继电力、钢铁行业之后消耗燃煤的第三用煤大户，生产过程中排放的颗粒物、氮氧化物等污染物会对大气造成污染，而且使用的主要原料石灰石等为不可再生资源。近年来，我国大面积的雾霾频繁出现，更是引起社会各界高度关注环境问题。

水泥行业要有更高的境界和视野，要把人类的福祉、国家的政策、行业的利益结合在一起，应积极探索高效使用资源、减少能耗和排放、降低环境负荷的可持续发展的有效途径，通过技术创新积极延伸产业链，增加产业附加值，走低碳化发展道路。推动行业的"高标号化，特种化，商混化，制品化"发展，大力发展特种水泥和水泥制品，逐步淘汰32.5水泥，提高水泥产品性能和附加值，细分产品市场，延伸产业链条。积极研发和使用脱硫和垃圾焚烧处理等节能减排新工艺、装备和技术，实现水泥产业绿色发展。⑤

"风起云涌改革潮——中国建筑业企业改革与发展"座谈会在京举办

"风起云涌改革潮——中国建筑业企业改革与发展"座谈会日前在北京召开。住房和城乡建设部工程质量监管司、稽查办公室及来自全国各地的建筑业主管部门领导、行业协会负责人和建筑业企业精英等70余人围绕建筑业的改革发展主题，探讨了行业改革面临的新形势、转型遇到的新问题，分享了部分知名建筑业企业改革发展的实践经验，为行业的进一步改革发展开拓了新思路。

此次会议在前期广泛调研的基础上召开，具有一定的实践性，对行业企业的进一步改革具有借鉴和指导意义。此次会议是一次总结性的大会、一次集思广益的大会，更是一次抛砖引玉的大会。行业主管部门领导在剖析行业发展形势的基础上为建筑业企业的未来改革发展指明了方向，行业协会负责人在分析当地建筑业改革发展取得的成绩和遇到的问题的同时，也为行业深化改革提供了更加广阔的视角，中天建设集团、中国机械工业集团、中国新兴（集团）总公司、中南控股集团、北京城建集团和南通三建集团等企业的老总则从企业实际发展角度分享了改革转型的经验、提出了一系列关于行业未来发展的新思路。

会议气氛活跃、发言踊跃，在交流碰撞中汇聚了智慧，凝聚了改革发展正能量，为行业的进一步转型发展点燃了星星之火，为行业的可持续发展贡献了力量。

浅谈建筑企业的"大客户"管理

张万宾

（中国建筑第二工程局第三建筑工程有限公司，北京 100070）

建筑企业的竞争不仅体现在现场施工水平上，更多的是体现在经营管理水平上，尤其是"客户"资源的管理。"大客户"管理理念就是在这种背景下应运而生，对于很多大型建筑企业，"大客户"管理早已成为企业发展战略之一。

一、"大客户"的定义

大客户是一个比较的概念，一个建筑企业基本都拥有多家合作客户，大客户指为企业创造了相对大的效益或者对企业发展有较大影响的客户。

（一）"大客户"与普通客户的区别

建筑企业的客户中，虽然有一些也进行较大规模的建设，涉及的合同额也较大，给建筑企业带来的利润率也较高，但不能给建筑企业提供持续稳定的建设需求，因此不能归为"大客户"，只能算是普通客户。比如，一家房地产行业以外的公司建一座办公楼，可能在他多年的发展中，只有这一个建设项目，并不具备持续性。我们常说的"大客户"，应该具有大量的建筑项目施工需求，且具有持续性和周期性，项目利润也较丰厚，能够在相当长一段时期内为建筑企业带来稳定的收益，能够与建筑企业展开长期的项目施工合作。

（二）"大客户"的主要特点

"大客户"的主要特点，归结起来有六"大"：

（1）项目规模相对偏大。"大客户"建设项目的规模一般都较大，且拥有一定的技术含量或者当地影响力。

（2）项目经济效益相对较大。建筑企业不同客户对企业发展的贡献不一。行业内有所谓的"二八法则"，即20%的"大客户"为建筑企业贡献了80%的利润，可见大客户的重要性。

（3）项目施工需求大。"大客户"一般都具备雄厚的实力，同时在国内外启动多个大项目，且在业务上相对连续，对建筑企业的施工需求量非常大，这是建筑企业的发展机遇。

（4）企业抗风险能力大。与一般的客户相比，"大客户"具备更强劲的资金技术实力，也就具备更强的抗风险能力。建筑企业作为下游企业，在现金流、技术参考等多方面都受到"大客户"的影响，这也在一定程度上降低了建筑企业所承担的风险。

（5）企业履约能力大。"大客户"在资金、技术、信誉等方面的优势，使得他们具有更强的履约能力，更能兑现对建筑企业的承诺。这也能帮助建筑企业解除"后顾之忧"，专心于项目建设本身上来。

（6）企业品牌影响力大。品牌是一种无形资产，能给企业带来更大的经济效益。"大客户"通常都具有一定的品牌影响力，建筑企业与之合作，能够在常规的经济效益、技术积累外，收获更大的社会影响力。

二、"大客户"的分类

目前，建筑企业的大客户群体大体可分为五类：中央和地方政府及其行政部门、中央企业（国有企业）、事业单位、一般公司、房地产开发商。不同的"大客户"会有不同的管理风格，对合作项目的要求也会不同，这就要求建筑企业根据实际，有针对性地制定"大客户"维护方案。

三、做好"大客户"管理对建筑企业的意义

建筑企业的市场营销必须以"客户资源"为主导，"大客户"管理的重要性不言而喻。一个建筑企业，一旦拥有了实力雄厚的大客户，就意味着源源不绝的商机，就拥有了市场经营的优势，就拥有了持续发展的动力。做好大客户管理对于一个建筑企业来说，意义非凡。首先，维护好一个大客户，等于有了一批稳定的工程任务来源，同时拥有三到五个甚至更多的大客户，企业就拥有了不断做强做大的市场基础，能对长远发展形成稳定的支撑。其次，大客户的作用不仅显现在工程任务的支持上，还体现在经营开拓费用上，随着合作不断深入，对建筑企业来说，营销集约化进一步增强，营销流程也进一步简化，能有效降低经营费用，等于在市场营销环节就实现了降本增效。再次，大客户管理是一种增强企业实力的有效手段。无论是建筑企业挑选大客户，还是大客户选择建筑企业，合作都是一种双向的选择。随着市场的发展，这种双向选择越来越趋向于强强联合，双方充分利用行业、区域内优势资源，将合作效果发挥到最大，能有效增强企业的实力。最后，做好大客户管理对内部管理提升也有帮助。大客户管理是一个系统性的工作，从初期的对接到后期的日常关系维护，都需要全面、系统

的筹划，需要坚持不懈的努力，考验的是建筑企业内部管理执行力的持久性。

四、做好"大客户"管理的主要策略及措施

（一）"大客户"管理主要策略

牢牢把握住大客户资源，是建筑企业长远发展的关键。但如何加强大客户管理，打造坚实稳固的大客户合作关系，还需要遵循一定的策略。

第一，大客户管理要在"大客户"发展初期就抓住机遇，并且要有"共患难"的勇气和决心。建筑企业选择与大客户从它的发展初期就开始合作，伴随大客户发展壮大的步伐，打造战略合作伙伴关系，一方面更容易与大客户奠定坚实的合作基础，另一方面则是对建筑企业的极大考验。这种合作模式无异于一场风险投资，大客户发展初期，往往实力较弱，风险抵抗能力也不强，未来发展走向也可能不太明朗，建筑企业要与之"共患难"，需要准确判断合作形势，需要极大的勇气和决心。以中建二局三公司与北京金融街集团的合作为例，双方合作始于1994年承建金融街通泰大厦项目。通泰大厦工程建筑面积11万平方米，是金融街集团的第一个大型项目，做好项目的意义深远。当时，金融街集团正处于起步阶段，资金十分紧张，在工程施工过程中，为了确保工程顺利推进，中建二局三公司毅然垫资七千多万元。这在当时是一个非常庞大的数字，它直接导致中建二局三公司的内部资金处于紧张状态。面对客户的欠款，中建二局三公司采取了不催促、不逼迫、不停工的态度，使得工程顺利完成，此举给金融街集团留下了深刻的印象。从通泰大厦工程的合作开始，双方相互信任的关系就牢牢建立起来，都认为对方是值得深交的"朋友"，这成为之后二十年紧密合作的情感基础。

第二，大客户管理一定要建立起双方从上到下的沟通渠道。及时的沟通交流是大客户管理中最重要的环节之一，只有信息及时共享，才能更好地解决合作中的各种问题，维护好合作关系。随着建筑企业和大客户的不断做大，从管理层到区域公司、项目执行层面的沟通一定要及时跟进。对于建筑企业来说，更是要注重内部各层级人员与大客户从上到下对应层级人员的沟通，形成有效沟通渠道，并且统筹整理各区域、各层级、各项目的沟通信息，为大客户合作决策提供信息参考。

第三，大客户管理一定要建立在优质履约、超值履约的基础上。项目履约是大客户合作的基础，也是最终落脚点之一。建筑企业的管理水平、科技实力、人才队伍、供应保证、各方资源整合等能力，最终都体现在项目履约上。通过完美的项目履约，实现大客户项目建设预期目标，为大客户发展提供强力支持，不仅能赢得大客户的信任，更能进一步增进双方的合作关系。这是优质履约的体现。超值履约的内容就更丰富了，要求建筑企业在优质履约的基础上，提供总承包职责范围之外的服务，这是所有大客户都非常愿意享受到的合作待遇，也更能使建筑企业从众多竞争对手中脱颖而出。以金融街集团开发的金融街威斯汀酒店工程为例，最初该工程由某集团负责施工。当时，该酒店要承办世界保险业大会，工期非常紧张，某集团的施工进度却始终赶不上，不能保证酒店如期开业，金融街集团领导面临巨大的内外部压力。最后，集团领导找到合作伙伴中建二局三公司，希望能助一臂之力。中建二局三公司没有讲任何条件，马上派出两个施工突击队，日夜赶工，最终保证了酒店顺利如期开业。正是这种超出职责范围的超值付出，牢牢稳固了双方的合作关系。

第四，大客户管理要建立在双方相通的企业文化基础上。企业文化就如同一个人的脾气，

两个人要想成为长久的朋友，脾气一定要"对味"，要坦诚相见，有惺惺相惜的亲切感。如果双方总是表里不一，背后算计，合作一定不会长久。

何谓企业文化相通？首先，都应该对"战略合作"有统一的认同。战略合作是优势资源的充分利用，是大型企业之间的强强联合，不仅能提升合作层次，更能节约合作成本，为双方带来社会效应、经济效益、技术积累等多方面的更大提升。其次，都应该对品质、品牌有孜孜不倦的追求。对于大客户来说，对品质、品牌的高标准、严要求，是保证行业地位和长远发展的需要。只有专注于品质的大客户，才能走得远，与之合作的建筑企业才能真正受益。对于建筑企业来说，产品品质则是企业的生命线，提供高品质的产品，不仅是生存发展的根本，也是打造企业品牌的重要手段，甚至是唯一手段。再次，都应该秉承合作共赢的企业经营理念。大客户合作是两个企业相互融入、相互磨合的过程，同时也是学人所长、补己之短的过程，只有双方的管理水平同步提升、不断趋同，合作关系才能延续下去。作为企业，经济效益是首位的，合作的最好效果就是各自实现良好收益。最后，都应该具有大企业的包容性格。企业间的合作不会总处于"蜜月期"，也会有艰难坎坷的时候。一旦遇到问题，大客户和建筑企业之间应该采取一种共同应对的态度，双方充分沟通、积极协商，共同解决问题，共同推进合作。这就是企业包容性格，是大企业应有的气象。

第五，大客户管理，一定要实现升华。与"大客户"管理这个单独的概念相比，中建系统内近年来推行的"三大战略"（大市场、大业主、大项目）则更全面、系统，是"大客户"管理的升华，它阐明了一种以大客户为主体的市场营销良性循环体系：建筑企业在一定的优势"大市场"区域中，依托"大客户"的作用，

顺利承接"大项目";再通过优质履约、超值履约等措施，不断加强"大客户"的培育与维护，承接更多"大项目"，占领更大的市场份额，如此周而复始，形成建筑企业持续、稳定的良好发展。

（二）"大客户"管理主要措施

第一，将大客户管理纳入企业发展战略规划中。建筑企业发展的任何阶段都离不开大客户的支持，因此，要把大客户管理放到企业发展战略的高度来对待。首先，要结合企业整体发展规划，针对不同的大客户，制定长期、短期维护管理规划。其次，也是最重要的，要将规划落实到全体员工身上，使企业上下对大客户管理总体思路、各阶段措施的认识高度统一，尤其是项目履约、区域协同配合等，要统筹规划、统一执行。

第二，建立大客户管理体系。建筑企业要从企业顶层设计层面，成立大客户管理委员会等机构，全面协调企业内部所有大客户管理工作。要建立大客户营销团队，实行有效的激励机制，不断壮大营销人员队伍。要完善大客户信息管理系统，将众多点状的信息和关系源整合到企业整体管理系统中，实现资源共享、关系不断。要形成大客户管理定期会议机制，定期集中企业内部各层级大客户管理人员，分享管理经验与教训。

第三，分步骤推进大客户管理工作。实施大客户管理的最终目的，是为建筑企业获得长期、持续、稳定的发展机遇与收益，这是一项需要持之以恒的工作，必须有计划、分步骤地推进。建筑企业与大客户的合作基本上都会经历以下几个阶段：初期接触——项目合作——深入了解——加大合作——互信共赢。从初步结识，以一个或少量项目合作开始了解，到最终发展到互信共赢的战略合作伙伴关系，每一个阶段都有不同的侧重点，建筑企业必须区别对待，分阶段制定对策，分步骤推进

管理。

第四，抓好大客户分级管理。建筑企业发展到一定阶段，大客户的数量众多，如何利用有限的管理资源更好地开展大客户管理，是一个课题。笔者认为，实行大客户分级管理是一种好方式。首先，从类型上分级，如前所说，建筑企业的大客户有中央和地方政府及其行政部门、中央企业（国有企业）、事业单位、一般公司、房地产开发商等五大类，每种类型的大客户之间都存在文化、价值取向以及运行模式等差异，需要建筑企业在维护管理过程中有针对性地对待。其次，从企业大客户实力上分级，可以根据大客户的规模实力划分为 A 级、B 级、C 级等，或者一级、二级、三级等，根据不同的等级配备维护管理资源，达到资源利用最大化的效果。

第五，抓好"大客户经理"机制建设。对建筑企业来说，大客户就是 VIP 客户，需要指派专人提供 VIP 对接服务。"大客户经理"的设立，就是为大客户提供专属对接沟通方案。大客户经理，要从信息挖掘、工程承接到施工过程中的问题协调，到最后的竣工结算，以及日常的大客户关系维护，全过程参与，全方位负责，成为双方沟通的有效渠道。

五、结语

随着国家整体经济增速放缓以及政策调控等因素影响，建筑行业的整体市场任务量增速会放缓，市场区域与客户资源会越来越集中，竞争会越来越激烈，"大客户"管理也就更会成为市场营销发展的大趋势。在"大客户"管理中，还必须注意大客户的选择问题，不是所有实力雄厚的企业都适合作为自己的"大客户"，要从企业性格、管理模式等多方面进行甄别，挑选最适合自身特点、最具有匹配性的大客户进行发展，不适合的要勇于放弃、及时放弃，最大程度降低企业损失。⑤

浅析区域集中采购助推区域化发展

卢翔云

（中国建筑股份有限公司西南区域总部，成都 610041）

集中采购是指政府或企事业单位将一定规模数量的货物、工程或服务集中进行采购的行为，是当今跨国企业普遍实行的采购方式。中国建筑一直致力于不断提高管理水平，以规范集团采购行为、降低采购价格和交易成本为直接目标；以组建专门机构、出台规章制度、配备专业人员、设置考核指标等措施推行的长效保障体系；以建设信息化交易平台为核心举措，最终实现信息流、工作流、物流的高度对接和有效融合，通过应用信息化技术实现提升集团管理水平的目标。

一、建筑行业及中建西南区域采购管理现状

（一）建筑行业采购管理现状

目前建筑企业的采购管理模式主要有两种：一是以项目为中心的分散采购的传统采购模式；二是由企业层面实现大宗物资的集中采购同项目分散采购相结合的模式。绝大多数企业采用传统模式，仅有少数企业实行第二种采购模式，尚未出现企业层面进行集中采购的建筑企业。形成这种格局的原因主要是由建筑行业处在传统领域自身变革意识不强、由项目承包制度为成本管理和企业管理核心的企业管理体系和建筑行业的物资采购特点决定的。

传统采购模式存在着采购成本偏高、供应不及时、质量难以保证、物资管理较为困难和临时性应变能力不足等弊端。即使目前采取企业层面集中采购结合项目分散采购的企业，也大多由于无法完整地掌握项目需求信息、充分满足项目响应时间要求等原因，而只能选择将对库存管理要求较低、产品标准化程度较高的少量大宗材料进行集中采购。这种模式部分实现了"规模效应"和使用低现金成本等融资手段付款的积极效果，但距离"优化供应链"、"整合产业链"等现代采购管理理念对采购管理工作的要求还有一段距离。

上述两种采购模式还都无法解决建筑行业企业普遍存在的问题，即供应商管理质量不高的问题：供应商队伍庞大，结构不合理，整体质量不高；管理深度不足；合作伙伴培育能力不够等等。当前，建筑市场竞争日趋激烈，业主要求的个性化服务越来越丰富，工程质量要求标准越来越高，而建筑行业企业一般多采用低成本竞争策略来占领市场，作为成本管理、项目管理的重要组成部分，关注和提高采购管理质量成为需要正视并急需解决的问题。

（二）西南区域各分子企业采购管理现状

1. 组织机构建设不健全

采购人员年轻化趋势明显，经验积累不足，传统的依赖采购人员经验来保障采购工作质量的方法难以为继，同时，电子化的知识管理系统如供应商管理系统、价格信息库等建设比例

偏低，对采购人员的支持力度明显不足。

2. 物资采购集中度不高

物资集中比例表面上较高，但考虑到全产业链的全部物资，集中度还比较低。根据股份公司文件精神，要求物资采购由传统的分散在项目的零星批量采购向公司法人层面集中，从而实现"以量换价"的转化，起到降本增效的目的。个别单位实行"大项目制"，所有物资均由项目部采购。

3. 物资采购管理人员不足

对于占建设成本一半以上的物资管理是每一个单位管理工作的重心。据不完全统计，目前区域内在施项目约180多个，从事物资管理工作的人员约560多人，平均3.1人/项目。物资管理人员年龄结构两极分化严重，学历普遍较低，专业技能水平低下。

4. 现代化办公手段缺乏

物资管理的信息化建设基本没有，仅停留在计算机辅助计量、统计、报表等方面，数据不能共享，分析预测能力较低。目前没有一家单位建立物资集中采购网络交易平台。

5. 区域集中采购存在的优势

（1）弥补西南区域没有牵头人的空白。虽然西南区域总量很大，但是分到各分子企业后就缺乏影响力。由区域总部集中采购管理中心牵头便于跨企业进行需求整合，形成统一市场，增强议价的主动权。

（2）符合资源属地化的特点。建筑行业的特点就是属地化强，尤其是生产资源属地化严重依赖。区域总部牵头集中采购可以深入全面掌握资源、优化资源，更好地为项目服务。

（3）有利于引进、培养、选拔优秀人才，提高集中采购管理水平，也有利于供应选拔，建立稳定的供应商资源，培育战略级供应商。

（4）有利于推行标准化和信息化实施，从而实现了各单位、各项目在执行供应商准入、招标、评标、验收、结算等环节的统一。同时采取统一的网络交易平台，使数据收集、分析更加及时准确，为决策提供有效支撑。

（5）有利于实现"阳光采购"。区域联合集中采购虽然是由区域总部牵头，但是全过程是由各分子企业参与，是集体决策的结果，同时全过程接受监督部门的监督。

二、国家要求与企业发展相结合

（一）国资委管理要求

2012年6月，国资委邵宁副主任在中央企业采购管理提升专题培训班上强调，采购管理在企业管理中的地位非常重要：首先，降低采购成本是企业的第一利润来源，相对于其他管理活动，加强采购管理在开源节流、降本增效方面见效最快，成果也能直接转化为企业的利润；其次，消除采购中不健康的现象，既是一个经济问题，也关系到企业内部风气和治理问题，所以，做好采购管理、构建一套具有国有企业特色的采购管理体制和运营机制，也是反腐倡廉工作的迫切需要。无论对国外企业还是国内企业，集中采购是大势所趋。将全集团的需求整合起来，形成合力，不仅提高企业的议价能力，降低采购成本，更能通过集中化的统谈统签、统谈分签等灵活的采购手段，提高采购的工作效率，节约企业的经营成本。各级企业要统一思想，坚定采购管理提升的信心和决心，明确重点、难点逐个突破。正确认识采购管理与基础管理的关系，狠抓落实，敢动真格，开创中央企业采购工作的新篇章。

（二）中建股份发展要求

2012年5月，官庆总经理在中国建筑集中采购管理工作推进会的讲话中指出，在当今时代，采购管理是国家、行业、企业重要的经济要素、战略要素，在全球竞争中起到至关重要的作用。而且采购管理已经与信息化技术紧密结合，采取了网络交易、电子商务等现代化集采方式，我们不应再以计划经济时期方式开展采购。2012 年 3 月，国资委决定在中央企业开展为期两年的管理提升活动。要求中央企业把开源节流、降本增效作为管理提升的重要任务，将采购管理、管理信息化等 13 个方面基础管理工作作为管理提升的重点。国资委将提升央企的管理水平上升到"讲政治、重大局"的高度。将集采管理信息化建设和标准建设统一起来，加大管控力度，规范采购行为，做到"事前"有预警、"事中"有监控、"事后"有跟踪，实现全集团的"阳光采购"。2012 年 11 月，官庆总经理在中国建筑集中采购工作视频会上讲话时强调，要全力提升集采工作的整体水平。一是要将集采工作作为企业稳健发展的重要保障；二是将集采管理作为企业管理提升的重要内容；三是将集采工作作为企业深化改革的创新手段。现在摆在大家面前的问题不是搞不搞集中采购的问题，而是研究如何把集中采购做好的问题。

三、探索西南区域联合集中采购新模式

（一）把握历史机遇

西部大开发是中共中央贯彻邓小平关于中国现代化建设"两个大局"战略思想、面向新世纪作出的重大战略决策，全面推进社会主义现代化建设的一个重大战略部署。加快中西部地区的发展，实施西部大开发战略，是党中央提出的推动生产力发展的重大战略决策。实施西部大开发战略、加快中西部地区发展，对于扩大内需，推动国民经济持续增长，对于促进各地区经济协调发展，最终实现共同富裕，对于加强民族团结，维护社会稳定和巩固边防，具有十分重要的意义。西部大开发十多年来，在国家投资和政策引导下，一批重大基础设施项目启动，一个个标志性项目纷纷落成，西部建筑行业迎来了长足的发展。中建股份各单位紧紧抓住这一历史机遇期，取得了较快发展，年平均增长率达 22.6%。从目前营业收入初步测算，西南区域年物资采购金额达 500 亿元以上。这为采收区域联合集中采购奠定了雄厚的基础（表 1）。

（二）西南区域联合集中采购探索

2013 年 3 月，股份公司集中采购管理中心与各工程局签订了总额为 1170 亿元的集中采购网络交易目标责任书。截止 2013 年 12 月 1 日最新统计，已经超额完成年度目标，如表 2 所示。

西南区域总部集中采购管理中心参照股份公司集中采购管理中心在北京组织的钢材联合集中采购模式，分别在四川、重庆、云南和贵州三省一市组织了钢材联合集中采购，组织网络集中采购四次，有 143 家供应商参与投标，签订框架协议 60 份，暂定金额达 160 亿元。取

近年来新签订合同额、营业收入及利润　　表 1

年　份	2010 年	2011 年	2012 年	2013 年预计
新签订合同额（亿元）	1073	1295	1536	1800
营业收入（亿元）	287.9	458.8	697.8	850
利润（亿元）	12.74	19.37	30.25	35

中建各局集中采购金额　　表 2

工程局	一局	二局	三局	四局	五局	六局	七局	八局	合计
集中采购金额（亿元）	120	180	240	120	120	70	90	230	1170
截止 2013 年 12 月 1 日（亿元）	130	204	250	108	99	58	97	244	1191
完成比例（%）	108	113	104	90	83	83	108	106	101

西南区域钢材联合集中采购汇总表

表3

地区	招标文件发布	采购数量（吨）	投标单位	废标单位	中标单位	签约时间	采购金额（万元）
四川省	1月18日	1500000	43	5	19	3月18日	600000
重庆市	4月22日	1000000	46	6	19	5月30日	400000
云南省	6月6日	500000	29	8	11	7月18日	200000
贵州省	6月14日	1000000	25	5	11	7月18日	400000
合计		4000000	143	24	60		1600000

得了较好的经济效益和社会效益（表3）。

另外，为推动专业化在区域的发展，结合成都地区的实际情况，西南区域总部集中采购管理中心牵头组织了商品混凝土的联合集中采购，采取独家议标方式与中建商混凝土签订了战略框架协议，暂定合同额为6.4亿元。2013年11月25日，西南区域集中采购管理中心又组织60家电线电缆厂商进行联合集中采购，签订框架协议27份，暂定合同金额达6亿元。

通过组织西南区域钢材、商品混凝土和电线电缆联合集中采购，我们总结了一套区域联合集中采购的规律和方法，既要确保机会公平、过程公正和结果公开，又要充分调动供需双方的积极性，维护双方的正当权益。区域总部集中采购管理中心是非营利性质的服务机构，为供需双方搭建公平交易的平台。一方面把多年来沉淀在各采购单位的优质供应商资源集中起来，优中选优，培育出更加强大的供应商；另一方面把区域内各分子企业的分散采购量进行集中，形成较大的需求市场，具有较大的社会影响力。这些是采购方和供应商都愿意看到的和受益的。

四、解读区域化发展道路

（一）区域化定位

中国建筑建立区域化总部的目的是为了推动区域化，引领区域市场与总部高端能力的对接。实现区域化转型，一是为了规避中建各工程局自相竞争的局面，通过市场引导、优胜劣汰，加大区域内一定的市场竞争力，中建把过去的无限竞争变成有限竞争，无序竞争变成有序竞争；二是通过推进区域化整合，压缩管理链条，创造经济效益。区域化定位为协调管理兼顾投资建设职能，进而将区域化试点提升到"组装内部资源，实施四位一体联动"的更高层面，为"区域化经营"注入市场机制和经营活力。在此基础上，继续在其他省市区域积极探索其他可行的区域化经营模式，稳步推进中建股份的"区域化"战略措施。

（二）区域总部职能定位

一是总部管理职能的延伸。区域总部应对区域内所有中建系统企业的各项经营管理工作承担管理、引领和监督职责，协调和规范区域内中建企业的市场开拓和施工生产工作，不断促进"中国建筑"在所在区域市场份额的提升，强化"中国建筑"在区域市场内的影响力。

二是总部业务拓展和实施职能的延伸。代表股份公司对接高端客户，提高企业整体品牌和形象，同时积极参与相关领域的拓展工作。具体而言，在基础设施投资业务、城市综合建设开发业务领域，可通过区域总部的市场拓展工作（包括信息、合作关系等方面的投入）参与区域内类似项目的实施，并分享收益。

它是中建股份在区域内设立的负责协调、引领、服务、监督等职能的"管理平台"和在区域内从事城镇业务和基础设施投资业务（两项业务以下统称"投资建设业务"）的"运营平台"。区域总部不得独立从事房地产二级开发业务。

（三）区域总部组织机构

结构追随战略，企业的组织结构设计与选择必须适应企业的战略调整和业务发展，有助于调动多方面的积极性和发挥自身的优势，根据区域总部的职能定位，可以很清晰地看出区域总部的组织机构特征，以西南区域总部为例的组织结构如图1所示。

矩阵结构是一种多维结构，安排了横向与纵向两条权威线，赋予了两种纬度等同的优先权。在矩阵组织中，强调区域本地化及产品业务垂直化。通过横向联系和纵向联系的管理方式，企业能够平衡运营中分权化与集权化问题，使各个管理部门之间相互协调和相互监督，更加高效地实现企业的经营目标。

以资源共享为导向的横向整合相对来说比较开放，基本是通过跨职能部门或按区域进行横向整合来加强企业组织的资源共享能力。横向整合机制并没有破坏专业化的协调，一般来说也不会破坏组织原本的权利分配，即不改变组织指挥链。

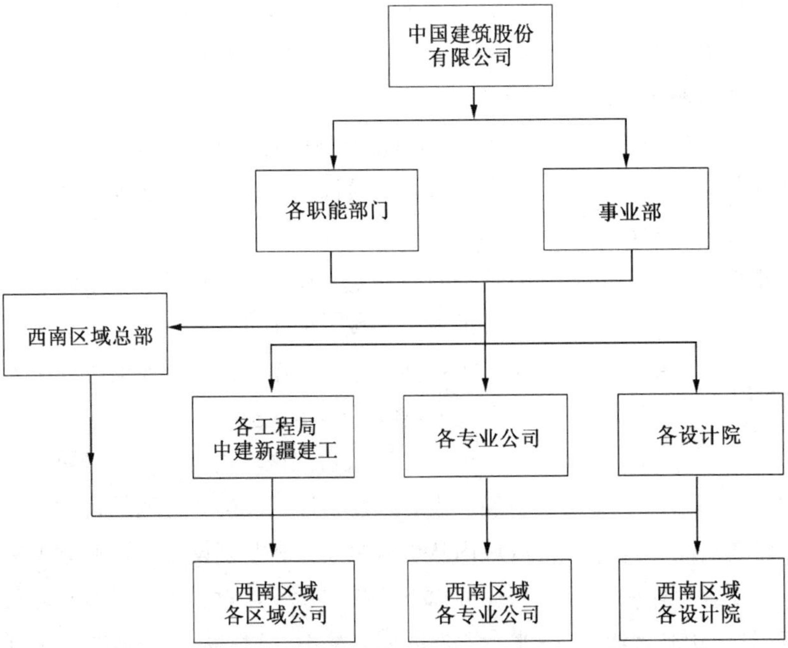

五、区域联合集中采购助推区域化发展

（一）做好顶层设计，集中优质资源，有利于区域化发展

顶层设计是一个系统工程学的概念，强调的是一项工程"整体理念"的具体化。就是说，要完成一项大工程，就要以理念一致、功能协调、结构统一、资源共享、部件标准化等系统论的方法，从全局视角出发，对项目的各个层次、要素进行统筹考虑。

区域联合集中采购的顶层设计包括以区域为管理中心的职能定位、组织体系建设、区域内资源统筹机制、工作协调机制等方面。区域集中采购管理中心定位为纯服务性部门，不与采供双方发生任何经济关系，不享受集中采购产生的任何效益。组织体系根据业务范围划分为计划管理、供应商管理、招标、供货、结算、支付等。资源统筹主要包括人才队伍建设和供应商队伍建设两大主体内容。协调工作则是对供需双方履行合同的监督等。

（二）资源集中有利于培养人才，提升区域化管理水平

集中采购为资源整合创造了条件，提供了平台，通过集中采购，可以将分散在区域各分子企业内的资源进行整合。一方面可以使公司的采购规模扩大，吸引更多供应商加入，有助于从战略上或更高层面上调整供应商结构，谋求从更广泛的市场范围内调控资源渠道，提高资源的保障度；另一方面也有利于公司上下政令畅通，提

图1 中建西南区域总部组织结构图

高区域总部的凝聚力与向心力。集中采购便于推进专业分工,减少人力资源浪费。使采购作业成本降低,效率提升,也有利于人才的训练和培养。针对目前采购系统人才年龄偏大、学历偏低、专业能力不强的现状,结合新形势下网络交易平台和电子商务需要,急需引进和培养一批专业能力强的采购人员,进一步提升区域管理水平。

(三)资源集中,培育战略合作伙伴,提升区域抗风险能力

供应链是由供应商、制造商、仓库、配送中心和渠道商等构成的物流网络。供应链管理是对整个供应链系统进行计划、协调、控制、管理和优化的各种活动和过程,它以彼此主要产品为纽带,把跨企业的业务联系起来,以期共同降低经营成本、经营风险,提高企业的竞争力,是上下游企业之间的一种基于协作协调、良性互动的经营战略。通过区域联合集中采购,使优势供应商市场占有份额扩大,降低成本,提升供应商实力,提升区域抵抗风险的能力。

六、区域集中采购与区域实体化思考

(一)区域集中采购与区域实体化

区域实体化是区域化的目标和方向。为了区别于工程局,同时兼顾总部职能,区域实体化主要体现在投资和管理两个方面。区域集中采购将更加系统、全面覆盖到区域内各分子企业。从采购范围的深度和广度实现采购业务全过程覆盖,包括计划、招标、供货、结算、支付全过程,这需要大量的专业人员和资金保障。

(二)加强制度建设

要完善集中采购,要着眼于建立机制、完善制度、集中市场、整合资源,不断提高管理水平。在基础工作方面要实现"五个统一"的目标,即统一信息平台、统一供应商管理、统一评标规则、统一业务流程和统一物资标准。制定并完善《集中采购管理办法》《供应商管理办法》《业务操作流程》《招投标管理办法》《物资结算管理办法》等相关的规章制度。

(三)加强党风廉政建设

习近平总书记在中纪委第二次全体会议上讲话时指出,要加强对权力运行的制约和监督,把权力关进制度的笼子里,形成不敢腐的惩戒机制、不能腐的防范机制、不易腐的保障机制。历来采购环节是容易滋生腐败的温床,实施区域集中采购使原来分散采购的权力集中到区域,容易造成个别岗位人员权力过度集中。应从制度建设、人员选拔等环节入手,坚持岗位不相容原则,实行定期轮岗制等,减少和避免徇私舞弊行为的发生。同时要加强"四风"检查整改,建立一支廉洁自律、作风过硬的集中采购团队。

(四)利用资金集中巩固集中采购成果

集中采购同样具有两面性,良性的集中采购是采供双赢的局面。然而往往因为采购方资金不能按时支付导致供应商垫资额度巨增,最终葬送建立已久的合作关系。因此建议由西南区域总部集中采购,集中支付,再内部转账结算。

七、结语

目前,集中采购工作已经在区域范围内先行开展起来,它依托信息化手段在网络交易平台上实施。区域实体化即将正式登上中建历史的舞台,它还需要更多的关心和支持。区域集中采购也将作为区域实体化的有力支撑做得更强。⑤

恶性讨薪事件产生的原因和对策

齐力鹏

（中国建筑第六工程局建设发展有限公司，天津 300450）

自 20 世纪 90 年代起，我国大中型建筑企业开始实行管理层与劳务层分离。大批建筑企业取消了自有职工作业层，招用社会化的农民工为作业层的支撑。随着建筑业的市场化、专业化发展的需要，逐步建立了新的资质序列，构建以工程总承包企业为龙头，专业承包企业为骨干，劳务分包企业为基础的新格局。随着骨干大中型建筑企业使用的战略合作伙伴——分包管理层与操作层模式日益普遍，一个新的问题出现了，即作为作业层的主力——农民工的管理问题成了一大难点。其中农民工的工资支付、欠薪和讨薪问题已然成了社会热点，受到全社会的广泛关注。本文将从建筑业农民工的工资支付角度谈谈对欠薪、讨薪及讨薪过程中出现的恶性事件的思考。

一、恶性讨薪事件频发及其影响

2013 年 6 月，河南省洛宁县的吴保朝等 7 名农民跟随包工头付大威到乌鲁木齐打工，他们被付大威安排在高新区（新市区）安宁渠镇盖房子，但直到 11 月份工期即将结束时，付大威仍以种种借口不给他们结算工钱。工友中年龄最大的曹海森已经 73 岁，最小的许成长也已 53 岁。为了讨薪，7 人滞留在乌鲁木齐艰难度日 20 余天，先后找到当地的村委会、司法所、劳动局等部门，但都未能得到妥善解决。11 月 27 日，吴保朝急了，他买来了老鼠药，"再不给工钱，我就喝药。人是我带来的，不然我回去后没法向他们家人交代"。"老鼠药事件"发生两天后，付大威给他们支付 7000 元工资，并且还给他们打了欠条。12 月 2 日凌晨 4 时许，在河南省洛阳市救助管理站的帮助下，7 名农民工全部返回家乡。

近年来，恶性讨薪事件频发，除了上述案例里说到的讨薪被困"自杀救急"情况，还有"讨薪争执咬掉耳朵"等五花八门的因讨薪而引发的恶性事件发生。农民工讨薪事件不断诉诸报端，造成的负面影响很大，不仅对社会治安构成潜在的威胁，还不利于农民工合法利益的维护，也扰乱了企业的正常生产秩序，过激行为只会激化企业与农民工之间的矛盾，反而不利于各方利益的维护。

二、恶性讨薪的形式及产生原因

（一）恶性讨薪的形式

恶性讨薪的情况有两种类型，一是农民工依靠自身力量讨薪，劳务公司没有主观恶意，这种情况劳务公司会主动配合各方面把问题妥善解决，一般不会产生过激行为。二是劳务公司借用农民工的力量，为达到他的目的，聚众讨薪，造舆论，逼迫总包支付超过应该支付的限额工程款。情况一旦发生，处理起来很棘手。一方面工期质量受影响，另一方面媒体对讨薪行为同情报道，企业又要考虑成本，企业备受煎熬和压力。最后结果往往是总包利益受损，劳务公司恶意讨薪取得胜利。

恶意讨薪有以下具体表现形式：

（1）低价承接工程，高价讨要工资。以低价中标劳务工程，在施工过程中以难度大、劳动力价格上涨、进度跟不上为借口等要求增加劳务工程款，否则拒绝施工，并拒绝撤场。

（2）采取少量人员承接工程，而聚集大量农民工讨要工资。或在承接工程时，带多于需要的人员进入现场，如发包方发现拒绝其行为，则拒绝撤场，高价索要撤场费。

（3）在别处工地施工，农民工却住在这个工地。结算时都向这个工地索要劳务费。达到多要劳务费的目的。

（4）在施工过程中产生质量、安全、进度问题，拒绝承担协议责任，与发包方发生矛盾。

（5）劳务公司管理不善，不能按约定的工资全额支付农民工工资，向发包方追加农民工工资。

（6）劳务公司与发包方发生结算纠纷，劳务公司不安排人员协商，也不按合同约定结算。利用农民工或社会闲杂人员冒充农民工聚众讨薪施压。

（7）包工头携款出逃，或挥霍工程款或隐藏工程款。暗中组织指示农民工继续索要工程款。

（8）包工头在其他项目亏损，或款项不到位时，包工头为化解矛盾，在正常付款的项目闹事，不履行施工分包施工协议，要求付款情况较好的项目多支付工程款。

（9）发包方和劳务公司结合起来，以拖欠农民工工资的理由，或故意不付农民工工资，向建设单位讨要工程款。

（10）向施工企业施压，索要按合同不应该支付的结算款。

（11）施工企业项目经理为谋利益，与分包勾结，利用农民工讨薪多结算工程款。坑害企业，然后项目经理与分包方分赃。

上述形式的共同点有五个：一是劳务公司没有承担法律责任的主体意识，本应是劳务公司的责任转嫁给发包方承担。二是劳务公司或包工头都想非法获利。三是农民工法律意识不强，容易被发动、被利用，对自己的违法讨薪行为和过激行为的严重后果没有意识或估计不足。四是按现在保稳定的政治要求，采用农民工讨薪总包负责制或第一责任人的管理理念，而不依法协调办事，致使恶意讨薪成功率很高。五是事情处理起来相当麻烦，最终吃亏的是企业，占便宜的是劳务公司或包工头，而农民工却没有得到多少利益。

（二）恶性讨薪的原因分析

1. 农民工工资拖欠普遍存在

建筑业是我国国民经济的支柱产业，其增加值约占GDP的7%，全国建筑业从业人员总计约3800万人，其中施工现场操作人员基本是农民工，总人数达3200万人。由于人数众多，管理很混乱，农民工的一些合法权益往往得不到维护，甚至会有些人利用农民工的善良、弱势、法律意识淡薄的弱点，故意拖欠、克扣、甚至盘剥、占有他们的血汗钱，使他们蒙受羞辱、损失。在通过正常渠道维护不了自身权利的情况下，农民工们就用自己极端、甚至违法的方式争取权利，他们往往会通过聚众闹事、群体上访、堵路、打标语、围攻政府机关、围攻项目、跳楼等威胁自己和他人安全的方式找老板"算账"要钱。

所以，恶性讨薪事件的根本原因在于拖欠农民工工资现象的普遍存在。可见，欲解决恶性讨薪还需先清楚农民工工资拖欠的原因。

建筑企业用工的组织架构一般有以下四种方式：（a）开发商－总包施工企业－专业施工企业－劳务企业－大包工头－小包工头－农民工；（b）开发商－总包施工企业－劳务企业－大包工头－小包工头－农民工；（c）开发商－总包施工企业－专业施工企业－农民工；（d）开发商－总包施工企业－农民工。

主要分析一下 b 方式，因为从四种关系来看，b 方式最普遍，也最有代表性。造成欠薪的原因可能有：一是开发商没按合同支付总包工程款或开发商和总包商之间有矛盾，总包商拿不到款，支付不了劳务公司，劳务公司也支付不了农民工。农民工直接上访，或劳务公司带着农民工上访讨要工资，或施工企业带着劳务公司带着工人上访，以讨要工资的名义顺便要工程款。二是总包方没有按合同支付劳务公司工程款，劳务公司也无法支付工人工资，或劳务公司和总包之间有矛盾。农民工直接上访，或劳务公司带着农民工上访讨要工资，顺便解决矛盾。三是劳务方没有按时给农民工发工资或与工人有计价纠纷。农民工上访要工资。四是包工头之间有纠纷解决不了，农民工利益受损失，劳务公司协调不了，农民工上访讨薪讨说法。五是各环节为了自己不正当利益组织农民工上访讨薪，把农民工当工具使用，俗称恶意讨薪。这几种原因都可能发生欠薪情况，但真欠薪也上访，解决矛盾也借机上访，恶意讨薪也上访。情况还是很复杂的。若只看到农民工上访讨薪，就判断欠薪，是很不客观的。如何解决农民工工资问题，如何解决为了解决矛盾就上访，这种危害社会治安环境的问题，显然是一个综合工程，需要社会综合治理，系统扭转这种不正常现象。

2. 农民工缺乏依法、理性维权意识

农民工的"血汗"工资可能承载着一个家庭的全部生活希望，一旦遭到拖欠影响的将是整个家庭的安定，所以往往会看到一些遭到工资拖欠的农民工情绪都比较不稳定，由于维权意识差、不了解维权的法定渠道或者受到一些别有用心的人的挑唆，导致他们缺乏理性维权意识，从而比较容易采用极端、过激的方式讨薪，也就造成了跳楼、自杀等恶性讨薪事件的频频产生。

三、应对恶性讨薪事件的策略

解决欠薪问题和应对恶意讨薪事件需要综合治理。我们的一些政策措施起到了一定遏制作用，在实践中还要进行完善。笔者认为从以下几方面进行规范，将有利于遏制这种不良行为。

（一）依法规范劳务公司用工和工资支付行为

还是从 b 种用工模式进行分析：

（1）b 种用工模式：开发商-总包施工企业-劳务企业-大包工头-小包工头-农民工。

从整个环节看。只要各个环节都有书面合同，不存在违法分包现象，就不存在欠薪环节，即使有纠纷也可在合约范围内解决。这当然是理想状态，需要法律和政府管理部门以及企业在各个环节进行约束，以规范他们的市场行为。目前欠薪和讨薪的多发环节在"劳务企业-大包工头-小包工头-农民工"这一环节。但是政府文件或部门法规多不愿意涉及这个环节，从而导致现实中这个环节的欠薪责任都压在在总包施工企业身上。劳务公司以上环节一般都有完备的合同可依，因此，保证劳务公司以下也有合同约束，农民工的权利才能得到保障。

（2）劳务公司以下环节，其实际的法人地位就是劳务公司。必须让劳务公司承担民事责任和社会责任，其以下环节的管理都是其内部事物。别人监督或帮助他、规范他，但不能代替他，只有他内部的事务和矛盾自行消化了，才会减少欠薪事件，从而抑制恶意讨薪的事发生。

建设部规定，从 2005 年 7 月 1 日起，用三年时间，在全国建立基本规范的建筑劳务分包制度，由正规的劳务公司替代松散的农民工。建设一支懂政策、守纪律、会管理、善经营、作风硬、技术精的复合型施工队伍。现在时间早过去了，离这个目标还差的很远，但希望不久的将来建设部的这一部署能得到真正落实。

（3）依法处理讨薪事件，而不是行政命令，

规范劳务公司法律主体地位。依据《合同法》平等、诚实、守信原则，按各环节的合同解决纠纷。最高法 [2004]14 号文第二十六条：实际施工人以转包人、违法分包人为被告起诉的，人民法院应当依法受理。实际施工人以发包人为被告主张权利的，人民法院可以追加转包人或者违法分包人为本案当事人。发包人只在欠付工程价款范围内对实际施工人承担责任。

国家劳动和社会保障部、建设部两部委发 [2004]22 号文第十二条：工程总承包企业不得将工程违反规定发包、分包给不具备用工主体资格的组织或个人，否则应承担清偿拖欠工资连带责任。

根据这些法则，只要总包单位合法分包，按合同约定支付劳务公司工程款，政府主管部门就应该遵守法律的底线，不支持讨薪上访。劳务公司独立承担法律责任，这样恶意讨薪就没有侥幸得逞的空间。

（4）现阶段要减少讨薪事件，总包要从源头上选用资信好的劳务公司，包括规模要大，有实力、重信誉，在当地政府管理部门已交农民工保证金，能自负赢亏，诚信履约，有企业家精神、有社会责任的、能独立承担法律责任的劳务公司。一旦农民工工资有纠纷，会很快消化在劳务公司内部。

（5）建立劳务公司和劳务队长黑名单制度。黑名单公示并联网，限制其市场行为，形成负面压力。有严重聚众讨薪的劳务公司和劳务队长都要列入黑名单。有严重恶意讨薪的农民工也要列入黑名单，让他的职业受到限制。

（6）建设主管部门要引导培育规范的劳务公司这一层级，真正履行法人责任。若违法经营，坚决查处。对拒不支付农民工工资涉嫌犯罪的案件，对因拖欠工资引发农民工集体上访造成严重社会影响的及时移送公安机关侦查，追究刑事责任。

（7）利用现有的法律法规，加强劳务公司和农民工管理。完善总包管理，加强合约管理、劳务结算管理。以便为定性是否为恶意讨薪行为建立证据。一旦定性为恶意讨薪行为，社会各级管理部门就要维护企业合法权益，不能以损害总包利益为基础息事宁人。严厉打击这种恶意讨薪行为。把讨薪组织者和劳务公司曝光，拉入黑名单。

（8）及时按月给劳务公司进行结算。避免结算扯皮，把结算扯皮的空间压缩掉。若发生讨薪事件，即使需要总包垫付农民工工资，也是在总包欠付分包范围内支付或承担经济责任，不至于给企业造成损失。剩余矛盾只能由劳务公司内部解决，这样就会压缩恶意讨薪的获利空间。

（二）鼓励农民工理性维权

恶性讨薪很大程度上是由于农民工不了解依法维权的途径，被迫转向自伤或伤人的恶性讨薪方式来要钱，因此增强农民工合法维权、理性维权的意识很重要。

维护农民工工资利益的法规有很多，除了出台《劳动合同法》《工资支付暂行规定》和《法律援助条例》等法律条文外，主要依据是国家劳动和社会保障部、建设部两部委发 [2004]22 号文《建设领域农民工工资支付管理暂行办法》。

各地根据 [2004]22 号文《建设领域农民工工资支付管理暂行办法》制定了相应的办法，也创新了一些行之有效的具体规定。比如：农民工工资保证金制度，实名制考勤，门禁制度，总包负责制，开发商连带优先支付农民工工资制度，侵权举报制度，工资发放公示制度，工资卡制度，劳动手册制度，矛盾提前化解制度，检查劳动合同签订和备案制度，市场准入黑名单制度，对农民工普法维权教育，政府加强监督制度，劳动监察、建设、司法、公安、工商等部门联合执法等制度，都有效地保护了建筑业农民工工资和合法权益。起到了积极的引导和惩戒作用，对规范建筑业用工和建筑业良性发展起到了良好作用。

人力资源

上述法律规定不仅是规范劳务公司合法用工的依据，更是农民工依法维权的"武器"，劳务公司应当将相关的法律规定和一些农民工保护制度、维权制度公示在农民工宿舍、食堂、工地、出入口的醒目位置，以便农民工学习，从而增强农民工理性维权、依法讨薪的意识，而非采用极端方式讨薪。

四、结语

应对恶性讨薪，既需要完善法律规定，平衡各方利益，也需要各方增强合法行使权利的意识，通过规范发包方、承包方、劳务公司以及工人自身等多方行为来平衡利益与责任的分担，方能化解恶性讨薪中存在的矛盾，本文正是本着此原则来探讨问题的。不过，笔者认为现有的一些法律规定仍有很多不合理或不完善之处，例如 [2004]22 号文《建设领域农民工工资支付管理暂行办法》第九条规定：工程总承包企业应对劳务分包企业工资支付进行监督，督促其依法支付农民工工资。这个督促就很模糊，既然劳务公司应依法支付农民工工资，就应该是法律机关对其是否依法支付农民工工资进行监督才有效率。

劳务公司是依法成立的法人公司，根据《合同法》总包与其是平等主体，劳务公司的内部管理、经济核算、组织架构其实总包是无法真正掌握的，监督也只是表面工作。监督不到位，造成欠薪，但总包不欠劳务公司工程款，不承担清偿拖欠工资连带责任。也就是说可监督可不监督，或者说监督劳务公司也不会有效果，因为监督不进去。但是我们不能不尽最大能力去监督，因为怕欠薪造成群访事件，就更不好解决了。由此可分析出，拖欠农民工的主体责任在劳务公司，政府层面应该在对劳务公司管理方面，尤其是农民工工资支付方面制定切实可行的政策制度，才能真正维护农民工的合法权益，减少农民工用违法的手段去维护其合法

权益的极端事件发生。

根据《办法》，各地区均制定了相应的农民工工资支付管理办法和前述的管理制度，内容大致和《办法》精神一致。但是都有加大总包责任之嫌，且直接和《办法》的十二条相违背。有的地区建管部门发文规定，发生拖欠农民工工资上访事件，由总包负总责；有的规定总包为第一责任人，劳务公司为直接责任人。这些规定表述得都很模糊，总包应该负怎样的责任以及讨薪上访等问题都应该是法律问题，在法律的框架下公平解决。但是大部分政府主管部门，简单地把讨薪上访问题归责于总包，不免违背了依法治理的原则。

综上，农民工工资支付管理工作是一项社会系统工程，需要开发企业、施工企业、分包企业、农民工各个环节遵守国家法律，规范经营。各管理部门共同参与，做好农民工的维权工作，劳动保障、建筑管理、工商、公安、司法等职能部门应加强沟通与协作，在制度上提供相应的保障，完善法律法规的约束，明确执法主体，加大执行力，坚决打击违法分包和恶意讨薪行为，净化社会公共秩序，使农民工讨薪的事件越来越少，社会越来越和谐、越来越美好。⑤

参考资料：

[1] 中华人民共和国劳动合同法
[2] 中华人民共和国建筑法
[3] 工资支付暂行规定
[4] 法律援助条例
[5] 建设领域农民工工资支付管理暂行办法 [2004]22 号
[6] 天津市建筑业农民工工资支付管理办法（试行）（建筑 [2004]212 号）
[7] 法制网：http://www.legaldaily.com.cn/Court/content/2014-02/20/content_5292451.htm
[8] 刘文权.恶意讨薪为哪般——关于一起农民工讨薪背后的调查与思考

新竞争形势下
如何打造施工项目的精英团队

彭 洪 波

（中国建筑第五工程局东北公司，沈阳　110004）

2003年到2013年是建筑行业的黄金十年，很多施工企业的经营规模呈几十倍的增长。但随着国家对房地产加强调控力度，避免过热、泡沫化，很多开发商抱着"等一等，看一看"的想法，投资大大缩水。建筑施工企业的"蛋糕"也在急剧变小，面对"僧多粥少"的市场现状，竞争必定越来越剧烈。

而建设方也就是"业主"，相应的履约条件越来越高，竞标的商务条款却越来越差，这就对中标后施工企业派出的项目经理部就提出了更高的要求。

从中建总公司到各二级工程局再到三级号码公司或区域公司，越来越强调法人管项目，对项目授权越来越规范。而业主方的期望却越来越精细，进度、质量、安全、文明施工、售楼配合等方面，无一不是如此，既要做好业主的事，又要做好自己的事，是考核项目部的双重指标。

在内外的高标准、严要求的形势下，"项目经理部"这个对施工企业来讲最重要的一部门，其团队建设、团队凝聚力建设显得越来越重要。打造一支来之能战、战之能胜、攻坚克难、满足各方要求的项目团队，在施工企业已上升到一个重要课题。

项目部从某种意义讲，它就是一个企业，管人、财、物，这样的一个组织，是具有周期性的，它在一定时期开始，又在一定时期结果。在目前，施工性项目组织，一般来讲，周期就是两三年。在它存在的这两三年中，对它影响较大的来自六个方面的主体，即：（1）建设方；（2）企业（项目所属的）；（3）社会；（4）分供方；（5）项目员工；（6）政府。

一个项目要表现优秀，就要做到让这六个相关方面的主体满意，即：工期质量好，业主满意；成本管控好，企业满意；安全环保好，政府满意；资金管控好，分供方满意；团队建设好，员工满意；项目形象好，社会满意。做到这六好六满意，是我们项目部追求的一个最终结果。

一个施工企业能够持续发展，得有业主，特别是战略业主，以及忠诚度高的、长期合作的业主，这些业主是施工单位的客户，是"上帝"，服务好业主，做好业主的事，业主自会给你向社会宣传，让你提升社会信誉度，同时也放心把后续项目交给你，这是一个铁律。而要做好这些事情，离不开一个高效、务实、能干的项目团队。

下面就从以下几个方面阐述如何打造一个项目精英团队。

一、争荣誉

作为企业的一个部门，项目部经常要面临

各种各样的技能比武和竞赛，在这些活动中有务实也有务虚的一些东西。比如说：算量比赛、测量比赛、各项目之间的综合考评等，这些都是比较务实的，都是针对个体的能力和团队综合能力而设定的评价。这些比赛有利于让员工看清自己在企业这个大家庭中，是个什么水平，还存在多大差距，还有那些不足，有利于以后工作中的改进提高。也有一些务虚的东西，如企业文化方面的文艺晚会、书法比武、户外拓展活动等，而这样一些活动有利团队凝聚力、名人名品的打造。以上例举的这些比武或竞赛不管是务实还是务虚的活动，项目部都应尽最大努力去争胜、争名次、争荣誉，不要抱着无所谓态度。我们应清楚地认识到，不管什么样的比赛活动，只要名列前茅，就会让大家认识你、记住你，就会为你的小团队带来影响力，比较现实一点，就会让你的小团队或其中的个体走入领导的视野，这对团队的成长及团队中员工晋升带来不可量的益处。同理，对于政府部门或社会团体组织的评比活动，也应一样对待。

争荣誉可以提高团队的影响力，可以让员工有更多的机会更快成长。

二、在管理上互补位

施工项目存在多种管理线条，如生产技术线、质量安全线、商务合约线、物资设备线、党群办公线及专业（机电、装饰、消防等）线等等。各线条的管理者，首先应是项目的管理者，然后才是线条的管理者。

在施工现场则主要是生产安全和技术质量，无论是施工员、技术员、安全员、质量员等，首先想到的应该是：自己是项目部管理人员，在现场巡视，看到问题，特别是安全问题，应立即制止，或纠偏，而不应心里想着，这不是我管的线条、不关我的事，这样往往会造成一些隐患被忽视，或处理不及时而酿成大祸。但凡多一个员工在安全上勇于"补位"就无凝增强了安全监护防线，安全保障系统也就会大大提升。

我们一定要充分地认识到，仅仅靠制度的"到位"和员工的"站位"，在现场管理上是远远不够的，还需要在现场的员工及时地负责地"补位"，许多场下员工之间哪怕是不经意的一句提醒或者一次小小的帮助，也许会减少一个违章，防止一次可能的事故。

还有商务人员和施工员、技术员之间的互相"补位"，技术员的新工艺、新工法应与商务人员充分沟通到位，帮助商务工作者与业主沟通，达到技术创效的目的；而施工员也应懂预算，在控制成本支出方面，也应和商务人员解释清楚现场产品制造的具体过程，从而更合理地控制成本；商务人员也应经常下现场，对出现材料浪费的情况予以制止。

"补位"情况还存在于其他线条管理之间，只要项目全员养成"补位"的理念，就会堵住项目管理上的漏洞。

三、传递正能量

项目部作为一个组织，是由许多不同个体组成的，从项目经理、项目班子成员再到普通员工，每个成员都会存在或多或少、这样或那样的缺点，每位员工都应看到同事的长处，而不是放大同事的不足。在对内和对外，都应宣讲同事及团队的优点和长处，而不是背后揭短。每个成员都是如此的话，就会让外界觉得这个团队是个阳光向上、团结合力的团队。每个成员都应认识到，作为施工项目同事一场是缘分，是来之不易的，施工的流动性决定了不可能一辈子在一个项目，所以要珍惜。

同时，项目部也是企业的窗口，是展示企业的载体，项目部应该担起为企业宣传的责任，对政府主管部门、业主第三方（监理、设计方）要经常展现企业的文化理念、愿景，企业的名人名品，企业在国家和地方取得了什么成就等。

当然，也要把自身团队取得的成绩传递给外界。

项目部还要学会对标，把和自己类似的企业、业绩做得好的企业作为自己追赶甚至超越的目标。要有策划、有目的地进行，不能放空炮。项目部也要及时在自己团队内立标杆，号召大家学习，营造好的氛围。

总体来说，传递正能量，就是传递阳光的、向上的、励志的，不能是消极的、负面的、阴暗的，这对提升团队的凝聚力、影响力是非常重要的。

四、团队及个体敢担当

敢于担当，往大的说是责任感、使命意识，往小的说就是不怕困难、能担事。项目部就是要打造成敢于担当的团队。每个岗位上的员工要做到责无旁贷，尽职尽责。

前美国总统杜鲁门有句座右铭 "Buckets stop here"，翻译成中文就是 "问题到此为止" 的意思。隐含的意思："问题" 在我这里全部解决，不再上交！就是让自己负起责任来，不要把问题交给别人。表现出一种荣誉，一种责任，一种不寻找任何借口逃避矛盾、回避问题的可贵品质。而这也体现出一种敢于担当的思想境界。

项目上每个岗位的员工，都必须把事情处理在本岗位，不把矛盾上交，遇事想尽一切办法去要一个结果，而不是推诿给同事，或找领导解决，这样的员工才能成长起来，得到应有的锻炼，否则 "团队" 的战斗力打造就是一句空话。

要做到敢于担当，而且能担得起，得有过硬的能力，"打铁还需自身硬"，一是要有过硬的技能，二是作风要硬。

项目部是个生产机构，各岗位或多或少都会与经济挂钩，在工作中一定要加强作风建设，能抵制住诱惑，不能被分包、分供方拖下水，被 "糖衣炮弹" 打中，思想作风不硬，是谈不上担当的。

同样的道理，没有过硬的技能本事，要去担当也只是空谈，事情没办好，反而有可能越搞越糟。因此，加强学习，提高学习力，提高素质能力，才是能担当的基础。

五、打造学习型团队

一个卓越的团队，一定是很注重自我学习、不断提高的团队。现今社会高速发展，日新月异，施工领域也一样，新工艺、新工法层出不穷。作为项目部理应不断加强学习，才能跟得上形势。如何打造学习型团队呢？

第一，得建立一套学习制度。从制度上规定什么时间学习，学习什么内容，而且得强制执行，得考核学习结果，不能流于形式。现在很多项目部大会议室挂了 "夜校" 这块牌子，但那只是为了应付上级检查的，其实从来没集中学习过，这样是不行的。一定要利用好 "夜校" 集中时间、集中地点学习。

第二，学习得走出去，拿回来。项目部要经常分专业到同行的标杆项目部去 "取经"，把人家优秀的东西拿回来。闭门造车找不到自己的差距。要做区域优秀、行业领先，那就得对标区域的标杆。

第三得请人来讲课。经常请经验丰富、项目管理水平高的领导、同事或同行来项目讲课，不一定要在会议室讲，要到施工现场来讲。不要怕别人看到你不好的一面，要虚心地接受别人的指点，不足的地方及时改进，这样才能提高。

六、系统思维

系统思维是一种逻辑抽象能力，也可以称为整体观、全局观。首先应该明白什么是系统？生物学中有生态系统，是指一个能够自我完善、连到动态平衡的生物链，如：一个池塘。系统一般是可以封闭运作、自我完善，并且能够动态平衡的事物集合。

系统思维，简单来说就是对事物全面思考，不只就事论事，是把想要达到的结果、实现结果的过程、过程优化以及对未来的影响等一系列问题作为一个整体系统进行研究。

在施工项目的运行全过程，系统思维需贯穿始终。

一、安全生产是项目管理的重中之重。要抓好安全生产，一是要做好前期策划，二是过程落实，特别是在成本投入上要落实到位。安全用具、防护装备、上岗前培训等等，都是要花钱的，但这些钱不能省，因为少成本的投入可以防止大成本的风险。

二、资金使用上要系统考虑，付款方式决定价格的高低，付款方式好，分供、分包的单价肯定要低，这是根据企业回收款来决定的。同时，资金使用也得与进度安排相配合。哪项分供工程正在干，就进相应的材料，而不应进暂时不上的分项工程的材料而占用资金。

三、在施工现场的各方主体单位，也得从系统思维上来协调。建设方、监理、设计方、施工方等等，各方关注的重点不一。一定要站在总包的角度，协调各方主体为项目进程服务。时下有句流行的话，开发商关注进度，监理关注质量，设计院关注结构安全，施工方关注赚钱。施工方要想得到好效益，得合理合法，站在全局来思考问题、处理问题是对项目部的必然要求。

七、用营销的理念来管项目

营销理念是企业营销活动的指导思想，是有效实现市场营销功能的基本条件。营销理念贯穿于营销活动的全过程，并制约着企业的营销目的和原则，是实现营销目标的基本策略和可能。

首先，客户至上。业主是施工方的"衣食父母"，做好业主的事，才能赚到业主的钱，才能有市场信誉度，才能有后续项目，施工单位才会有管理的载体，所以，从某种意义上说"现场就是市场"是非常有道理的。

"悠悠万事，市场为大"，施工企业和制造企业最大的不同就是：一个是先有营销后有产品，一个是先有产品后有营销。从这一点可以看出，营销工作对施工企业的重要性，可以说没市场营销接不到项目，施工企业就失去了管理的载体，而做好现场则是最有力的市场营销手段。

施工企业的三次营销理念：

一次营销——"市场"，就是找信息、协调、攻关、投标报价等；二次营销——"现场"，是做好项目部应管理的一摊子事情，向业主方履约，接受潜在业主考察；三次营销——"清场"，就是结算、收款、维护等，由此可以看出，做好现场是企业营销的一个重要环节。

项目部管理过程中也得有营销的思路和手段。项目新工艺、新技术要应用到实施现场，得让业主、监理同意，这样的目的，无非是节约成本，或提高效率，要达到这样的目的得通过营销的思路来与业主沟通，才能得以实施。

在项目实施的全过程中，经常会遇到地方政府主管部门的各种检查，或是上级部门的检查，或是同行业相互学习交流，这所有的活动，也应该用营销的思路来应对。"营销企业"、"营销项目团队"形成在社会上的影响力。

在新竞争形势下，项目部"承上启下，承内启外"的作用显得越来越重要，项目部需要做的工作是多方面的，作为企业的窗口，责任很大。就打造团队来说，做好以上七个方面，应该会达到一定的效果。⑤

工程项目管理沟通中的谈判

顾 慰 慈

（华北电力大学，北京 102206）

一、谈判的含义

当个人或群体与另一个人或群体就一些问题（如双方均认为重要的问题、牵涉双方利益的问题、可能引发双方冲突的问题、涉及双方关系的问题、双方需进行合作的问题）通过磋商达成双方均可接受的协议或结果，这就叫谈判。事实上，人们为了保持或改变相互间的关系，双方进行商谈和交换观点，以便取得一致意见，这也是谈判。所以，简单来说，谈判就是人际互动。

随着生产的发展和工程规模的扩大，在工程项目的生产经营中，许多生产活动和过程与项目内部或外部的其他活动有着紧密的联系，需要通过协商和沟通来进行协调，也就是需要通过谈判来解决。

谈判是一项包含政策性、艺术性和技术性的社会活动，它反映了谈判者的思维和沟通能力，也反映了一个企业或组织的协调能力、配合能力和变通能力，以及对事物发展的把握与控制能力。

二、谈判的基本要素

谈判的基本要素包括谈判主体、谈判客体、谈判目的和谈判结果。

1. 谈判主体

谈判主体是指谈判的当事人或当事方，当事方可以是当事双方或当事多方，即当事方可以是某个组织或某几个组织。

2. 谈判客体

谈判的客体是指谈判的议题和内容。谈判的议题和内容一般是谈判双方共同关心的，需要通过谈判来取得一致的意见、观点、问题或事物。

3. 谈判目的

谈判双方希望通过谈判沟通使对方对谈判议题和内容作出某种承诺或采取某种行动，这就是谈判目的。只有谈判主体和客体而没有谈判目的的谈判称为不完整谈判，也称为闲谈。闲谈不涉及双方的利害冲突或利益，也不会导致双方对立或竞争。

4. 谈判结果

谈判结果是指谈判双方通过谈判对谈判客体达成的协议和成果，无论该成果是成功或失败。没有谈判结果的谈判是一次不完整的谈判，陷入僵局的谈判最终就会演变为不完整谈判，不完整谈判白白耗费了谈判者的精力和财力，并将影响到谈判者的自信心，所以我们应尽量避免这种不完整谈判的出现。

三、谈判的类型

谈判一般有四种类型，即回避型谈判（或求同存异型谈判）、竞争型谈判（对抗型谈判）、妥协型谈判（调和型谈判）和合作型谈判（协作型谈判）。

1.回避型谈判（求同存异型谈判）

当双方争议的主要问题在目前条件下尚无法解决时，在谈判中双方均回避或搁置主要问题，而讨论和协商与之有关的、目前有条件解决的其他问题，这种谈判称为回避型（求同存异型）谈判。

2.竞争型谈判（对抗型谈判）

谈判双方对目前竞争所带来的利益均非常重视，并竭力争取己方能获得最大利益，这种谈判称为竞争型（对抗型）谈判。在这种谈判中，双方各自首先确定自己的立场，并在谈判过程中坚持自己的立场，同时设法让对方作出让步，以达到自己预定的目的，这种谈判的结果往往是非赢即输。

3.妥协型谈判（调和型谈判）

谈判双方均强烈希望谈判获得成功，因此在谈判过程中谈判的一方或双方作出某种程度的主动让步，并使谈判结果双方均感到满意或能够接受，这种谈判称为妥协型（调和型）谈判。

4.合作型谈判（协作型谈判）

谈判双方不仅希望通过谈判获得自己所期望的利益，而且希望通过谈判建立或拓展彼此之间的长期合作关系，这种谈判称为合作型（协作型）谈判。在合作型（协作型）谈判中，谈判双方会充分进行沟通，互换信息，彼此让对方了解自己的目标和要求，并共同探讨和寻求满足对方需求的各种可行的途径，使谈判的结果对双方均有利，即达到"双赢"的结果。

四、谈判的原则

1.谈判是为了双方的合作

任何谈判都是为了双方在一定程度上、一定范围内和一定时间内进行合作，所以在谈判中谈判者应从客观冷静的态度出发，寻求双方合作的途径，消除合作的障碍，达成合作共识，互惠互利，使谈判双方都能获得实质性的利益。

2.坚持谈判立场

在任何情况下谈判者在谈判过程中都必须坚持己方既定的谈判立场，不能动摇，不能在立场上讨价还价，只有在坚持立场的情况下，才会使我们在谈判中获得一定的成果。

3.将人与问题区分开

谈判的主体是人，所以在谈判中常常会受到谈判者个人性格、感情的影响，而作出错误的反应。所以在谈判中我们必须将人与所讨论的问题区分开，不能因为对对方所提的要求不满而变为对对方谈判代表个人的抱怨、指责和不满，从而使双方关系恶化，以致影响谈判的顺利进行。所以在谈判中我们应该坚持人、事分开的原则，对事不对人。

4.坚持互利的原则

谈判双方都是为了通过谈判使自己一方获得利益，如果谈判双方为了维护各自的利益而互不相让，那么谈判就无法进行下去，其结果必然会导致谈判破裂。所以谈判的一个原则就是要在双方讨论和协商的基础上，明确双方各自的利益，包括双方的共同利益和不同利益，从而寻找出双方共同获利的途径。

5.坚持客观标准的原则

客观标准是指独立于谈判各方意志之外的合乎情理和切实可行的准则，它可能是一些惯例、通则，也可能是职业标准、道德标准、科学鉴定等。

在谈判中，无论是合作型谈判还是竞争型谈判，都会存在分歧、矛盾和利益冲突，而通常解决这种分歧、矛盾和利益冲突的办法，就是双方作出妥协和让步，一般情况往往是一方作出让步后，也要求对方作出同等的让步，这里所说的"同等"，就必须用谈判双方共同认可的、具有普遍性和适用性的客观标准来衡量。

五、谈判的过程

谈判一般可分为四个阶段，即准备阶段、

开始阶段、中间阶段和结束阶段。

（一）准备阶段

谈判的准备工作又可分为两个阶段，即谈判前期的准备工作和谈判的准备工作。

1. 谈判前期的准备工作

在谈判前期应做好下列准备工作：

（1）针对本次谈判的所有问题收集尽可能详细的有关信息。

（2）确定本次谈判想要获得的利益，即本次谈判的我方目标。

（3）将这些想要获得的利益按其重要程度进行排序。

（4）评估对方如何看待我方想要获得的利益或需求。

（5）确定对方通过本次谈判想要获得的利益或需求。

（6）确定我方有哪些东西是对方想要的或可以接受的，以及有哪些事情是对方不愿意让我们做而我们能够做到的。

（7）确定双方在哪些问题上能够达成一致。

（8）确定双方在每一个问题上存在的分歧和不一致，并确定分歧的程度。

（9）评估双方是否存在某种潜在的共同利益，如果存在这种共同利益，则可基于这一共同利益来进行谈判。

（10）确定我方除了达成协议之外，是否还有其他选择。

（11）确定还有哪些我方可以接受的其他方案。

（12）确定我方能够提出哪些理由来使对方接受我方的意见。

（13）判断对方除了达成谈判协议之外是否还有其他选择。

（14）准备好一套谈判议程或几套可供选择的谈判立场。

（15）确定我方的谈判战略，其中包括我方的谈判立场。

（16）做好随机应变的准备。

2. 谈判的准备工作

谈判的准备工作主要包括：

（1）制定谈判规则。

①做好充分准备。收集和分析所收集的信息，针对本次谈判选择和制定谈判的战略。

②了解我方的利益、需求和目标。

③了解和评估对方的利益、需求和目标。

④谈判中保持有效倾听和谈话，对信息进行分析和过滤，并保持对对方的观察。

⑤保持冷静和头脑清醒，防止自己失控。

⑥保持诚信和自信心。

⑦努力寻找双方的共同利益和共同目标。

⑧不要和没有决定权的人进行谈判。

⑨确定谈判所处的状态。在每一个谈判阶段结束时，都要确定双方在哪些方面已经达成共识和达成协议，在哪些方面还存在分歧和仍处在谈判过程中。

⑩知道在什么时候应当继续谈判，什么时候应当中止谈判。

（2）确定谈判基调。

所谓谈判的基调是指对谈判的基本态度，通常谈判的基调有两种，一种是竞争性基调，另一种是合作性基调。

（3）深入分析和研究议题。

（4）选定合适的策略和技巧来劝说对方。

（二）谈判开始阶段

（1）确定双方共同的谈判议程。

（2）确定谈判是从重要的问题开始，还是从不那么重要的小问题开始。

（3）提出你想询问的问题。

（三）中间阶段

中间阶段就是谈判阶段，也就是谈判过程中。在这一阶段应根据谈判的性质和类型，确定谈判的策略，并且灵活巧妙地运用谈判策略与对方进行谈判，尽可能使谈判达到我方的既定目标。

（四）结束阶段

在谈判结束时和谈判各阶段结束时，应该做的工作有：

（1）总结各谈判阶段或整个谈判取得哪些一致意见、观点、协议和成果。

（2）将谈判所取得的成果形成书面协议。

（3）谈判还遗留哪些问题没有解决或没有达成协议，下一步可能采取的解决方案。

（4）对谈判作出评估。

六、谈判的策略

谈判的策略是指谈判人员为了在谈判中获得预期的利益和成果而采取的谈判方式和谈判谋略。

谈判的策略与谈判的性质和类型有关。

（一）互利型谈判

互利型谈判通常采用以下几方面策略：

1. 坦诚相待

（1）在谈判中以坦诚的态度向对方陈述我方的想法和观点。

（2）实事求是地介绍我方的情况。

（3）客观地提出我方的要求。

（4）形成诚恳友好的谈判氛围。

2. 馈赠礼品

在谈判人员的交往中，向对方赠送礼品，以表示亲密和友好，但应注意送礼的方式、地点和场合，档次也不宜过高，以免造成行贿的嫌疑。

3. 试探性摸底

在谈判中提出某种假设的情况下，试探性地摸清对方的底牌。例如我方提出："如果找方扩大订货，你们在价格上会作何种让步？"

4. 留有余地

在谈判中如果对方提出某种要求，我方不宜立即回应和答复，即使我方完全能够满足对方要求，也不应立即答应，以便留有余地，用作谈判中讨价还价。

5. 把握时机

在谈判中要寻找和创造有利条件，并把握住这种有利的战机。

（二）我方有利型谈判

在谈判中围绕对我方有利的目标，采取相应的方法，在不断取得我方利益的同时也尽量使对方也感到满意。

1. 声东击西

在谈判中，有时为了以下目的：

（1）为了更好地隐藏我方真正的利益需求。

（2）将某个重大议题暂时搁置起来，以便有更多时间加以研究。

（3）作为缓兵之计，迷惑对方视线。

（4）为今后进入正式会谈铺平道路。

常常有意识地将会谈的议题引向对我方并不重要的问题上，以便分散对方的注意力，达到声东击西的目的。

2. 疲劳战术

在谈判中，对于那些具有咄咄逼人和先声夺人等挑战姿态的谈判对手，可以采取多回合拉锯战的策略，使对方感到疲劳乏味，以致逐渐丧失锐气，从而扭转我方在谈判中的不利地位，并且趁机反守为攻，迫使对方接受我方条件。

3. 得寸进尺

在谈判中，当确信对方存在以下情形：

（1）有明显让步倾向。

（2）经过科学评估，有可能作出让步。

此时在对方作出一定让步的基础上，我方可提出进一步的要求，迫使对方作出更大让步，即用积少成多的方法逐步达到我方的最终目的。

4. 最后期限法

在商务谈判中，特别是双方争执不下的商务谈判中，当谈判进入最后期限或接近最后期限时，迫于期限压力，某一方会不得已改变原来的立场，作出让步，以便尽快解决谈判问题。因此我方应该：

（1）深入研究分析对方是否设有最后期限，大约在什么时间。

（2）采取措施改变对方的最后期限。

（3）如我方设有最后期限，则应绝对保密，不能泄漏，以免使谈判处于被动状态。

5. 既成事实

在谈判中，特别是商务谈判中，首先做好某些议题以外的工作，使我方在谈判中处于有利的地位，然后等待一定时机再与对方进行实质性的谈判，迫使对方签订协议。

七、谈判技巧

（一）提问

在谈判中，在适当的时候需要向对方提出问题，这是收集信息的一种手段。提问的类型通常有五种，即一般性提问、直接性提问、诱导性提问、证实性提问、澄清性提问。

1. 一般性提问

一般性提问的范围较广，对方回答的范围也较广，例如：

（1）对这一问题你有何看法？

（2）对此你有何意见？

2. 直接性提问

直接性提问所提的问题有明确的方向，所以对方的回答也是明确的，例如：

（1）你们这么做的目的是什么？

（2）你们想要什么？

3. 诱导性提问

诱导性提问通常是迫使对方回答"是"，例如：

（1）这难道不是事实吗？

（2）这样做不是公平合理的吗？

4. 证实性提问

证实性提问通常是证实一些事实和发现一些信息，例如：

（1）在什么时间？

（2）在什么地点？

（3）是什么价格？

5. 澄清性提问

澄清性提问是为了澄清某一问题，例如：

（1）你刚才说话的意思是否可以认为你同意我们的安排？

（2）你的意思是不是说你能全权处理？

（3）你说现在先不谈这个问题，是不是说将这问题放在稍后再谈。

（二）陈述

在谈判中，陈述是一种特定的表达方式，例如常用来达到以下目的：

（1）传送我方的信息。

（2）说明我方的立场、观点和态度。

（3）澄清某些问题或事实。

因此，在陈述中对措词、用语要审慎斟酌，不应带有情绪性，以免对方产生误解和曲解，同时应该注意下列技巧：

（1）在没有准备好之前不要急着讲话和回答问题。

（2）在谈判中当你同意对方的意见时，一般不要直接用"不"这种否定形式，而应该用肯定形式表达出来，例如"我再考虑考虑"，"我们再商量一下"。

（3）当回答某个问题的时机不合适时，可以不立即回答，而承诺以后再回答。

（4）可以用提出一个问题的方式来回答问题。

（5）你在提完问题后应静等对方的回答。

（6）可以重新表述或概括总结你对对方讲话内容的理解。

（7）为了考验对方的诚实性，你可以偶尔提一个你已知答案的问题。

（三）倾听

在任何谈判中都应该认真地注意倾听对方的讲话，通过对方的讲话获取你所需要的信息。在谈判中我们应该注意下列问题：

（1）少说多听。

（2）在对方讲话停止之前，你要注意倾听，即使你已经知道他还会说些什么。

（3）注意倾听对方讲话，从对方讲话的内容、语气、姿态、眼神中获取你所需要的信息。

（4）不要中途打断对方的讲话。

（5）不要猜想对方表达的意思。

（6）如果你不理解对方讲话的意思，可以直接告诉对方，或要求对方再讲一遍。

（7）在对方讲话时也以通过与对方的眼神交流，或身体前倾并微笑、点头来表示你很感兴趣和在注意倾听。

（8）要注意发现对方字句背后潜在的信息，例如：

①对方说："顺便提一下……"，这件事有时往往是一件重要的事情。

②如果对方在讲话的开头冠以"趁我还没有忘记，"这恰恰表示对方绝对没有忘记。

③如果对方在讲话开头冠以"老实说"、"坦率地说"等词句，很可能是对方在故作姿态。

（四）观察

观察是对非语言类信息——身体语言的解读，这对谈判也是非常重要的。在谈判中，我们通过观察可以获取许多有用的信息，有助于在谈判中作出正确的判断。

（1）面部肌肉紧张、紧咬牙关、紧握物体、瞳孔放大等表现，表示对方焦虑或生气。

（2）皱眉表示一个人感到惊讶或迷惑。

（3）点头表示允许对方继续讲下去。

（4）游移的目光表明对方可能不愿意继续谈论这个问题。

（5）快速或过多地眨眼睛可能表示这个人感觉不舒服、说话夸张、紧张或非常警惕。

（6）揉眼睛通常表示并不接受你作出的解释。

（7）说话时将手放在嘴巴上，可能表示说话的人害怕承诺，或者表示他所说的是假话。

（8）摸自己的脸颊或者将手指放在自己的脸颊下，表示这个人很感兴趣。

（9）将脸颊支在自己的手掌上，表示此人感到厌倦。

（10）摸自己的鼻梁可能是一种关注的表现。

（11）一个男人将自己的双手放在他自己的胸前，通常表示开放和诚实。

（12）一个女人将自己的双手放在胸前，通常表示惊讶。

（13）双手交叉或者扭曲在一起，表示此人遭受了重大挫折或打击。

（14）双手的指尖交叉在一起，表示此人很自信。

（15）坐在椅子边上说话，表示对谈话感兴趣。

（16）身体向后倾或者将双手放在自己头部的后面，表示自信或具有优势。

（17）双臂交叉或跷腿，同时保持一种收缩的身体姿势，表示一种封闭或防御性的态度。

（五）代理人

在谈判中，有时委托一名只赋予有限授权的代理人出面进行谈判，会给谈判带来许多便利，例如：

（1）当谈判要进行承诺的时候，由于授权有限，可以进行推诿和拖延。

（2）当对方提出要求时，由于意识到你的授权有限，因此提出的条件也会比较有分寸。

（3）由于代理人的授权有限，因此我们在谈判中应该尽量避免与对方的代理人进行交锋，而应盯牢对方的正式谈判代表。

（六）头脑风暴

头脑风暴技巧一般用于谈判的前期准备阶段，它是一种讨论会，一般由7~10人参加，不设主席，只设一名负责记录的秘书，在确定了讨论的问题后，大家可以不受限制地、海阔天空地畅所欲言，自由地发表意见，任何人不准对其他人发表的意见和言论进行任何形式的批评和评价，等大家的意见和建议充分表达后，再筛选和完善那些具有创建性的意见和建议，并将其形成各种谈判方案。

心理学家认为，举行这种无拘无束、轻松自由的特殊即兴讨论会，有助于提出创见性的意见，产生具有创见性的方案。

（七）讨价还价

在谈判中常常要进行讨价还价，这是使谈判取得胜利的重要方法之一。

1. 投石问路

孙子兵法上有一句名言，即"知己知彼，百战不殆"。在谈判中也是一样，为了在谈判中处于主动地位，我们必须充分了解对方的情况，掌握对方在我方采取某一步骤时的反应和意图，投石问路就是一种很好的方法。例如：

（1）如果我们和你们签订为期三年的购货合同，你们在价格上有何优惠？

（2）如果除这一品牌的产品之外，我们还有意购买其他两种品牌的产品，那末是否能在价格上再优惠一些？

（3）在采用现金支付和分期付款两种付款形式时，你们的这套设备在价格上有什么差别？

（4）如果我们要求减少原产品的数量，那么价格是否会有变化？

2. 有取舍的让步

有取舍的让步是指在谈判中对某些利益要紧紧抓住不放，而放弃另一些利益，并知道应该在何时放弃这些利益。

在作出让步时应该注意：

（1）不作出无谓的让步。

（2）让步应恰到好处，能使我方以小的让步获得大的利益。

（3）有步骤地缓慢让步，而不可大踏步地后退。

（4）在准备让步时，应先隐瞒自己的想法，尽量让对方提出要求。

（5）让步的目标必须反复明确。

（6）在接受对方让步时应心安理得，不必给与回报。

3. 目标分解

对于大型谈判项目或技术交易项目的谈判所涉及的面比较广，例如包括专利权、商标权、人员培训、技术资料等许多问题，不能笼统地仅局限在价格问题上。较好的方法是将对方的报价进行逐项分解，寻找出哪些项目是我们需要的，价格应该是多少，哪些项目是我们不需要的，价格应该是多少，这样在讨价还价中就具有较强的说服力，也有利于谈判协议的达成。

4. 最后报价

最后报价是指在谈判中一方提出"我们的报价是最后报价了"，如果另一方相信并接受了，那么交易就达成了，否则则需进一步讨价还价或停止谈判。

最后报价提出的时间最好是在双方就价格问题不能达成一致意见，而报价方却看出对方明显地希望达成协议时，同时在提出报价时态度要委婉、诚恳，使对方感觉到这是他们所能接受的最合理的价格，从而易于接受。

（八）逐步渐近

逐步渐近是指通过谈判双方逐步让步的行为来推测对方"底价"的技巧。这里所说的"底价"，是指卖方的最低卖价和买方的最高买价，"价格"可以是具体的价格，也可以是各种条件和利益。在谈判中，让步都是渐进的，卖方的报价是逐步递减的，而买方的出价是逐步递增的，每一次还价的递减额或递增额都是逐步减小的，最后趋近于0，这个"0"点时的报价和出价，就是卖方和买方的底价。

（九）反向对策

反向对策是指如果对方提出的报价比你的目标价格低一定数额（即有一定差额），那么你就提出一个比你的目标价格高出同样差额的报价，也就是说，如果你是买家，对方是卖家，当对方的要价高于你的目标价格时，那么你可以提出一个比你预定的目标价低出同等水平的出价。

（十）佯攻

佯攻是指某一问题双方争议不下时，你及时提出一个新议题，而对于这个新议题，双方实际上根本就不存在争议或争议不大，所以这个新议题很快达成协议，由此使对方感觉到有义务在那个前面争议不下的议题上作出让步，从而使这一议题达成协议。

（十一）暂停

暂停是指在谈判中你对对方提出的建议一时无法提出有力的论据来进行反驳时，你要求对方给自己一个思考时间，而实则你却可利用这段时间来使自己急躁的情绪平静下来，并用来寻找证据以说明对方的提议为什么令人不满意。

（十二）结束性让步

结束性让步是指在谈判接近尾声时，为使谈判尽快达成协议你所作出的让步。

作出结束性让步的目的，一般是当你为这一议题达成协议竭尽全力时，如果此时你作出一定让步，就可使问题立即达成双方都满意的解决方案，从而获得你所期望的需求或预定目标。

在作结束性让步时应注意：

（1）谈判越接近尾声，你所作出的让步幅度应越小。

（2）你所作出的每一次让步都应建立在对方作出一定让步的基础上。

八、谈判中经常出现的错误

（1）假设谈判对手的需求。

（2）高估自己的弱点，或低估谈判对手的弱点。

（3）当情况发生变化时仍然按原定的谈判计划行事。

（4）用过于乐观或过于悲观的思想来制定自己的谈判目标。

（5）在没有充分理由和事实根据的情况下，片面地制定自己的谈判目标或确定自己的谈判立场。

（6）对谈判对手提出的不合理建议或没有事实依据的建议提出反对意见。较好的做法是：

①坚持让对方解释他们的建议，提供相应的事实依据。

②对他们的建议加以完善和改进。

（7）让对方知道你的时间有限。

（8）急于接受对方的建议。较好的做法是：

①隐藏自己对对方建议的热情。

②对对方的建议进行一番评价。

③试探性地接受对方的建议。

④对对方的建议提出一些小的遗漏问题。

（9）将注意力局限在对方得到了什么上。对方的获得并不一定是你的损失，而恰恰是确保你自己获得所期望的目标和结果的必要因素。在谈判中应该将注意力放在你自己的目标上。

（10）对自己没有准备好的事情作出回应。此时补救的方法是：

①推迟该议题的讨论或延缓谈判。

②重新做好谈判的准备工作。

（11）对对方的提议以对方不能接受的方式说"不"，这可能会被对方误认为是讽刺或无礼挑衅。此时你应该既坚定地拒绝对方建议，又要作出必要的解释，做到坚持己见，令人信服。🅖

参考文献：

[1] 申明，姜利民，杨万强.管理沟通.北京：企业管理出版社，1997.

[2] 罗锐韧，曾繁正.管理沟通.北京：红旗出版社，1997.

[3] 汤小映.演讲谋略与技巧.成都：四川大学出版社，1997.

[4] 李溢.演说的艺术.北京：科学普及出版社，1987.

[5] 刘德强.现代演讲学.上海：上海社会科学出版社，1996.

绿色建筑的推广与使用

——长春信达龙湾项目的探索与实践

龚建翔，王春刚，孙 哲

（长春信达丰瑞房地产开发有限公司，长春 130021）

摘 要： 绿色建筑这一新型概念在 21 世纪初才引入我国，目前绿色建筑在我国房地产行业中还处在新兴事物的发展阶段，但我国房地产行业已处于快速发展阶段，绿色建筑在大多数住宅与公共建筑中并没有很好地贯彻实施，这与国家倡导的可持续发展战略不符合。本文以长春信达地产开发建设的信达龙湾别墅、洋房及地下停车场项目为例，阐述信达龙湾项目在立项、设计、施工及后期运营过程中按照国家三星绿色标准组织实施，并在事前、事中、事后进行全过程、全方位控制。信达龙湾项目建成后达到了预期效果，为绿色建筑的推广提供了宝贵的经验，同时也为绿色建筑在住宅地产开发领域探索了一条成功之路。

关键词： 绿色建筑；节能；节地；节水；节材

一、绿色建筑的由来和提出

在 20 世纪 60 年代，工业化国家不断发生类似于伦敦烟雾事件、洛杉矶光化学污染事件等，这类严重公害发生后才使人们越来越感觉到，生活在这样一个不健康的环境中会对人类身心健康造成严重影响，绿色建筑就是在这样的背景下提出的。特别是 1962 年，美国海洋生物学家卡逊在《寂静的春天》一书中向人们预示如果滥用 DDT 等农药，将产生无法挽回的生态恶果。未来的一段时间里大量物种濒临死亡的边缘，宛若生命最后一刹那的片刻宁静，卡逊的著作被视为绿色运动的里程碑。十年之后，即 1972 年联合国第一次人类环境会议在瑞典的斯德哥尔摩召开，会议提出了人类"只有一个地球"的口号。从此，以关注生态环境为宗旨的绿色运动及人们居住空间绿色环保的话题，

成为人们探索追求的目标，绿色建筑一词也孕育而生。

二、绿色建筑概念的定义

绿色建筑真正被写入国家规范是在 2006 年，即由建设部和国家质检总局所颁布的国家标准《绿色建筑评价标准》（GB/T 50378—2006）中对绿色建筑的定义是指，在建筑的全寿命周期内，最大限度地节约资源（节能、节地、节水、节材）、保护环境和减少污染，为人们提供健康、适用、高效的使用空间，与自然和谐的共生建筑。建筑的全生命周期是指，包括建筑的物料生产、规划、设计、施工、运营维护、拆除、回用和处理的全过程。由于地域、观念、经济、技术、文化等方面的差异，目前国内外尚没有对绿色建筑的准确定义达成普遍共识；另一方面，由于绿色建筑所践行的是生态文明

和科学发展观，其内涵和外延是极其丰富的，而且随着人类文明进程的不断发展没有穷尽的。因而，追寻一个所谓世界公认的绿色建筑概念和其他许多概念一样，需要人们从不同的时空和不同的角度来理解绿色建筑的本质特征。

三、绿色建筑在世界范围的提出和在中国的发展历程

1992年，在巴西里约热内卢联合国环境与发展大会后，中国政府相续颁布了若干相关纲要、导则、法规，大力推动绿色建筑的发展。

2004年9月，建设部"全国绿色建筑创新奖"的启动，标志着我国绿色建筑进入了全面发展阶段。

2005年3月，首届国际智能与绿色建筑技术研讨会，暨技术与产品展览会（每年一次）公布"全国绿色建筑创新奖"获奖项目及单位，同年发布了《建设部关于推进节能省地型建筑发展的指导意见》。

2006年，住房和城乡建设部正式颁布了《绿色建筑评价标准》，2006年3月国家科技部和建设部签署了"绿色建筑科技行动"合作协议，为绿色建筑技术发展和科技成果产业化奠定了基础。

2007年8月，住房和城乡建设部出台了《绿色建筑评价技术细则（试行）》和《绿色建筑评价标识管理办法》，逐步完善适合中国国情的绿色建筑评价体系。

2008年，住房和城乡建设部组织实施推动绿色建筑评价标识和绿色建筑示范工程建设等一系列活动。2008年3月，成立中国城市科学研究会节能与绿色建筑专业委员会，对外以中国绿色建筑委员会的名义开展工作。

2009年8月27日，我国政府发布了《关于积极应对气候变化的决议》，提出要立足国情发展绿色经济、低碳经济。

四、绿色建筑在我国房地产企业中的实施——以信达龙湾项目为例

（一）信达龙湾项目

长春信达龙湾项目位于长春市高新区（图1、图2），与长春最大的天然水系"八一湖公园"一路之隔，独特的地理环境对项目提出了特殊的绿色环保要求，打造成与周边环境相协调的绿色环保建筑是确保项目成功与否的关键所在。早在项目立项之初就把创建三星级绿色建筑作为项目标准，在方案设计阶段聘请国内具有绿色建筑设计经验的设计企业参与设计；在景观设计阶段聘请澳大利亚著名景观公司进行景观设计，国外的绿色、环保理念在设计阶段就已深深植入项目之中，同时在景观设计上还聘请长春本土景观设计公司对绿植部分进行优化设

图1 信达龙湾别墅产品

图2 信达龙湾绿化景观

计，使选用的绿植更适应本土化生长和周边环境，这就从根本上解决了外企设计公司所设计的产品在本地"水土不服"的弊端。

（二）绿色建筑标准在信达龙湾项目实施阶段的体现

信达龙湾项目在施工图设计、施工及竣工验收阶段均按照三星级绿色建筑标准组织实施，具体体现在以下几个方面：

1. 在节能方面

（1）实现了太阳能热水器与建筑工程的一体化。即工程在设计、施工、投入使用阶段，实现了节能产品的"三同步"，既避免了住户二次装修过程中安装太阳能对园区外立面和环境的破坏，又对周边同类产品起到了示范作用（图3）。

图3 信达龙湾太阳能系统

（2）对地下停车场提出无采暖方式的经验已编入企业标准。通过本企业同类项目近三个采暖期实施观测的数据和运行经验，现已成为长春市第二例无采暖地下停车场（第一例也为本公司项目），节能型地下停车场已成为北方地区地下停车场发展的未来。

（3）外墙苯板保温区别对待的方式。针对别墅项目露台多、外立面暴露在室外多的实际情况，相对洋房产品提高别墅产品苯板保温厚度2厘米。

（4）窗体采用优质的五腔、七腔断桥铝型材及三层玻窗的节能产品，同时在选用五金件上，选用进口和国产优质品牌产品，这就从根本上解决了窗体散热量过大的问题。

（5）地下停车场的顶板，采用挤塑板保温，外加1.2米覆土的最经济模式，既保证了地下停车场保温蓄热要求，又实现了园区大型乔灌木种植的有效埋深。

（6）园区采用全部天然气管线直埋冻土层以下和直接入户的方式，这就避免了冬季由于天然气管线外露所造成的气源流通不畅和用气质量降低的弊端。

（7）园区内的地下停车场和主要道路全部采用高效节能的 LED 光源。

2. 在节地方面

（1）将园区内全部箱式变压器、换热站、消防及供水泵房设置在地下负一层，增加了园区的绿化面积，降低了园区内噪声、辐射所带来的污染。

（2）在洋房景观区范围内，采用隐性消防通道，提升了园区的绿地面积和软硬质景观的比例。

（3）将售楼处、样板房等临时设施，建造在永久设施中，不仅节约了土地，还避免二次拆迁所带来的环境和财产损失。

（4）园区内洋房区域实现了完全的人车分流，最大限度地减少了车行道所占用的绿地面积。

3. 在节水方面

（1）园区内的全部雨水收集到园区内景观水系及蓄水池中，进行绿化灌溉（图4）。

（2）绿化用水采用集中雨水收集，其不

图4 信达龙湾景观水系

足部分利用周边八一水库充足的地表水作为补充水源。

4. 在节材方面与资源利用方面

（1）将项目的结构体系设计为短肢剪力墙，在满足结构安全的前提下，最大限度地减少钢筋混凝土用量。

（2）在施工过程中全部采用集中预拌式混凝土，减少了现场施工所带来的环境污染和材料浪费。

（3）将项目主体结构体系全部采用三级钢，最大限度地减少了钢材用量。

（4）将园区施工期间产生的不可降解建筑垃圾，采用集中回收的方式进行园区内道路基础施工。

（5）利用园区内与园区外路网标高相差1.2~1.5米的实际情况，建设别墅区半地下车库（2.2米层高）和洋房区地下停车场（3.6米层高），使土方开挖量最小并实现了园区内土方平衡。

5. 在运营管理方面

（1）采用园区内24小时无死角全程监控，最大限度减少了巡防人员的数量和工作量。

（2）外围墙设计上采用远红外线幕帘报警系统，减少了外围墙上部铁丝网等防攀爬设施设置数量，做到了防攀爬报警和小区监控的同步联网。

（3）贯彻垃圾分类回收和装修垃圾集中回收的原则，尽可能减少别墅室内隔墙数量，最大限度地减少建筑装修期间产生建筑垃圾和拆改内隔墙所造成的二次污染。

（4）聘请国际品牌的物业公司（戴德梁行）进行物业管理，提高物业运营、维护、保养水平。

五、绿色建筑（信达龙湾）在设计、实施过程中产生的问题

（一）地方政府行业法规滞后和垄断部门垄断地位所带来的问题

首先，地下停车场无采暖系统已在本企业运行多年并取得良好的效果，已为企业标准，在信达地产内的各公司使用，而政府现行法规、部门规章仍然要求供暖企业按建筑面积缴纳供暖配套费，虽已和政府主管部门协调多次但仍然无果。另外，作为节地方面，将箱式变压器放置在地下也经过多次协调，甚至经过了电力部门局务办公会才勉强通过，还增加了很多附加条件。最后，将供暖换热站放置在地下也经过几轮设计调整，并和供暖垄断企业多次沟通后才得以解决。

（二）全社会对绿色建筑认识不足、重视不够所带来的问题

首先很多人不知道什么是绿色建筑，甚至认为绿色建筑可有可无，消费者没有把绿色建筑作为购房标准之一。另外政府没有把开发建设的绿色建筑数量、质量纳入各级政府领导的考核指标和业绩中。

（三）建设成本增加和投入不足所带来的问题

一方面增加绿地，将一些公共设施集中放置在地下会增加开发过程中的成本投入，而在销售过程中售价无明显提高，会产生投入产出不成比例的矛盾；另一方面建设绿色建筑更多的都是企业行为，特别是上市公司对经济效益的考核是第一位的，如果没有良好的经济效益，绿色建筑的发展也会步履维艰。

七、结语

绿色建筑在我国正处在方兴未艾的发展阶段，只有通过全社会的支持、全社会的努力，并将绿色建筑提升为国家战略的高度，才会实现国家的可持续发展，绿色建筑的推广使用才会进入到一个蓬勃发展的时代。⑤

参考文献：

[1]《绿色建筑评价标准》（GB/T 50378—2006）

中国高铁"走出去"的意义、优势和风险

蔡 森，孙秉珂

（对外经济贸易大学国际经贸学院，北京 100029）

根据 UIC（国际铁路联盟）的定义，高速铁路可分为两种，一是指改造原有铁路（直线化和轨距标准化）使之营运速率达到每小时 200 公里以上的铁路运输线路；二是指专门新修建的设计营运速率达到每小时 250 公里以上的铁路运输线路。

从 2008 年 8 月 1 日中国第一条真正意义上的高速铁路——京津城铁通车到现在，经过将近六年的快速发展，中国的高速铁路营运里程已达 1.3 万公里，位居世界第一位。中国高铁现在已经成为了"中国制造"的典型代表。李克强总理出访世界各国，频频提到中国的高铁，世界各国领导人也对中国高铁显示出了浓厚的兴趣。为什么李克强总理对"推销"中国高铁如此不遗余力？为什么作为一个发展中国家，中国的高铁技术又那么具有吸引力呢？

一、中国高铁"走出去"的意义

（一）有助于化解国内的产能过剩

产能过剩（Excess Capacity）是指生产能力的总和大于消费能力的总和，它通常会造成利润下滑、产品滞销、库存积压等现象。这也是一个近年来频频见诸报端的经济学名词。欧美等国一般采用产能利用率或设备利用率作

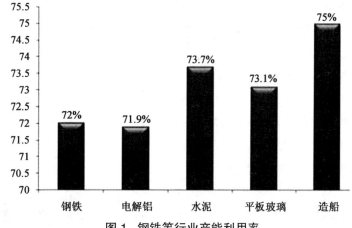

图 1 钢铁等行业产能利用率
（引自搜狐财经）

为衡量产能是否过剩的指标。设备利用率在 79%~83% 之间为正常，超过 90% 一般认为产能不够，低于 79% 则说明可能存在产能过剩的现象。图 1 显示了截至 2012 年底我国某些行业的产能利用率。

从图 1 来看，与高铁行业息息相关的钢铁、铝合金、水泥行业早已出现了产能过剩的现象。地方政府的盲目规划和产业布局的不合理是造成多行业产能过剩的主要原因。但国家已经意识到问题的严重性。为了化解钢铁、水泥、电解铝等行业产能严重过剩的矛盾，国务院 2013 年 10 月 15 日印发了《关于化解产能严重过剩矛盾的指导意见》，以指导产能过剩行业的化解工作。

保证高铁等基础建设项目的投资，对化解

过剩的产能有着很大的积极作用。国内高铁每公里造价从 3000 万到 2 亿人民币不等，而其中有 40% 到 50% 是材料费用，所以通过高铁项目消化一批过剩产能是非常有效的途径之一。而目前国内高铁市场经过几年的大发展已经接近饱和，虽然之后几年也有明确的中长期规划，但是相比国内市场，国外市场显然广阔得多，如果能够拿下几个大的高铁承建项目，那么对于化解国内过剩的产能将会有非常重大的意义。

（二）促使中国从引资大国向投资大国转变

众所周知，中国作为世界上最大的发展中国家，历来是一个出口大国、引资大国。这与我国的出口导向型经济发展模式是分不开的。图 2 显示了从 2004 年到 2012 年外国对我国直接投资的发展情况。

从 2008 年到 2012 年，外商投资企业的税收金额从 1769 亿元增长到了 3549 亿元。不断增长的外国投资不但为我国财政税收的增长和商品出口的增加带来了巨大的动力，同时也利用了我国较低的成本优势，为我国创造了许多的工作岗位，带来了巨大的经济效益和社会效益。但是随着中国经济的发展，在未来几十年内中国势必要走上成为对外投资大国的道路。从 1998 年提出"走出去"战略之后，我国的对外投资规模不断扩大。图 3 为近几年我国对外投资规模的发展趋势。

从图 3 可以看出，虽然在总体规模上我国对外直接投资比外国对我国投资小得多，但是发展速度却更加迅速。而高铁项目

作为资金密集型的高科技项目，如果成功走向海外，将带来一波规模巨大的对外投资热潮。截至 2010 年底，铁道部已经与土耳其、阿根廷、哥伦比亚、老挝、泰国等十多个国家主管部门和部分国外相关企业签署了高铁合作协议，与美国、俄罗斯、巴西等国签订了铁路建设合作意向。

举例来说，2010 年 12 月底，中国与老挝决定建设一条连接中国与老挝首都万象的高速铁路，全长 421 公里，预期造价 70 亿美元，中方承担其中的 70%；同年阿根廷希望借助中国资金和技术修复本国铁路网，为此需要投资百

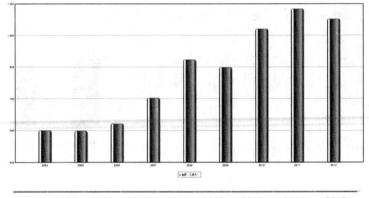

2004	2005	2006	2007	2008	2009	2010	2011	2012
640.72	638.05	670.76	783.39	952.53	918.04	1,088.21	1,176.98	1,132.94

图 2　外国对我国直接投资发展情况（单位：亿美元）
（引自 EPS 数据平台）

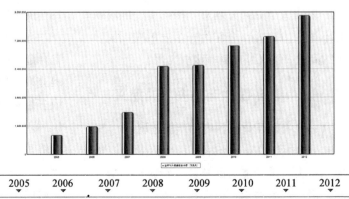

2005	2006	2007	2008	2009	2010	2011	2012
1,226,117.00	1,763,397.00	2,650,609.00	5,590,717.00	5,652,899.00	6,881,131.00	7,465,404.00	8,780,353.00

图 3　我国对外直接投资发展情况（单位：万美元）
（引自 EPS 数据平台）

亿美元以上，其中中方承担80%；2011年中国与哥伦比亚签订合同，建造一条全长220公里的高速铁路，项目预算76亿美元，由中方提供资金。如此巨大的投资规模，中国若能利用自己的高铁技术和成本优势，把握良机，必能一举跃身世界对外投资大国的行列。

（三）推进技术升级、产业转型

长久以来，我国一直以世界工厂自居，"Made in China"流行世界各地。虽然我国是名副其实的制造大国，但是制造的多是成本低廉的劳动密集型产品以及工业半成品，高科技产品仍然相对较少。虽然2009年我国就已经超越德国成为出口第一大国，但出口产品的类型和附加值的大小依旧无法与德国等发达国家相比。近年来我国频频提出要进行产业转型升级，在这样一个转型关键时期，高铁项目的出口无疑顺应了历史潮流和国家战略，对我国由劳动密集型经济向技术密集型经济转变具有十分重大的意义。

高速铁路可谓是所有铁路系统中"先进生产力"的典型代表，是诸多创新理念、尖端工艺以及高新技术的广泛融合。商务部国际贸易经济合作研究院梅新育研究员表示，对于中国而言，高铁与船舶同属于最适合大力发展的出口产业。因为其不仅要使用大量人力，能够为我国创造较多就业机会，而且技术密集、资本密集，正符合中国当前人力和资金充沛、努力推进产业升级的现状。[1]

中国高铁在"引进、消化、吸收、再创新"战略的基础上，经过原始创新、集成创新、引进消化吸收再创新，在短短几年时间内走过了国际社会高速铁路近半个世纪的发展历程，实现了由"落后"到"赶超"再到"引领"的完美变身。然而过于顺畅而迅速的发展很难马上得到国际社会的一致认可，有些技术也是在引

进的基础上完成的。所以要想高铁真正走出去，我国的高铁产业还需要不断完善技术，不断超越自己，形成具有中国特色的完全具有技术专利权的国际认可的高铁技术。所以高铁项目的出口实际上也给予了中国高铁更多的压力，逼迫高铁技术不断向前发展。

（四）提升我国国际形象，增进互信

在经贸合作领域，中国的国际形象一直是低端产品生产的代表，有着劳动力、资源成本地且市场广阔的优势。中国高铁若能成功"走出去"，不但能改变传统的低端层面国际合作模式，提高国际经济合作效益，改变世界分工格局，而且还能增进我国和周边各国、欧美发达国家乃至全世界有着合作意向国家之间的互助互信，实现互利共赢，在更多的领域共享机遇，共担挑战，实现互利共赢发展。

二、中国高铁"走出去"的优势

（一）世界高铁大发展，市场广阔

全新一轮的高铁建设高潮正在全世界范围内如火如荼地展开。据UIC（国际铁路联盟）统计，除中国之外，正在进行高速铁路建设的国家还有十多个，预计未来10年时间里将会有接近1万公里左右的新增里程。举例来讲，未来十年，欧洲几个拥有高速铁路的国家将投入2000亿美元，使目前总长7000公里的铁路延长9000公里，达到16000公里；巴西正计划耗资190亿美元开通一条总长度达510公里的高速铁路，以连接里约热内卢、康平纳斯和圣保罗；美国计划投资530亿美元，在6年的时间内分别在东海岸和西海岸建设全新的高速铁路网络；印度计划以公私合营的方式建造并运营6条高速铁路客运线，并建立相应的国家级高铁部门；部分东盟国家拟与中国合建"泛亚铁路网"，包括中国至老挝、越南、缅甸、泰国等线路，

---

[1] 张梦：《中国高铁远征海外市场》，《中国外资》，2010年第8期。

其中中老高速铁路将耗资 70 亿美元，规划建设长达 421 公里的线路……

如果全世界高铁建设的进度按照每个国家预期的那样正常发展，那么预计到 2024 年，全球高铁总里程可达 4.2 万公里。据估计，2020 年前，海外高铁投资将超过 8000 亿美元，其中欧美发达国家的投资额为 1650 亿美元，带动其他产业创造的市场规模达 7 万亿美元。①

（二）成本与技术优势

成本优势基本上是所有"中国制造"产品的共同优势，在技术密集型的高速铁路领域也是如此。用不同的计算方式计算中国高铁和国外高铁修建的成本差距，得够得出 20%~50% 几个不同的数据。无论哪个数据更加接近现实，一个事实是不容否认的，那就是中国高铁的成本与国际上其他几个高铁技术拥有国相比来说是有优势的。中国国内高铁的成本大概是每公里 3000 万元至接近 2 亿元人民币，根据地理条件的因素不同也有很大差异，但是德国科隆—法兰克福线的单位造价约合 3 亿元人民币每公里，比之中国国内的最高造价还要高 50%。南京大学商学院教授宋颂兴表示："中国制造业以及劳动力成本优势使得高铁的设计、建设、制造均具有较大的成本优势，在国际市场上具有较大的竞争力。" 中国南车董秘邵仁强曾在公开场合表示："和国际竞争者相比，我们的优势在于性价比高、交货期限短。"② 高铁项目是需要大量资金的投资项目，所以对于那些急于建设高速铁路而资金预算不是很充足的国家来说，中国高铁的高性价比无疑是一个巨大的优势。

另外，在技术方面，中国的高铁技术是在引进、消化吸收的基础上发展起来的，而且结合了自己的创新。更重要的是，随着中国高速铁路的大发展，中国高铁运营里程的总数已经超过了其他所有国家的总和，所以中国运营高铁的经验和规模是其他国家无法比拟的。另外，在寒冷天气下建设高速铁路方面中国也积累了相当的经验。截至 2010 年 7 月，中国高铁技术已经申请了 946 项相关专利，在实现完全自主产权化的道路上迈出了坚实一步，中国铁路在高速动车组、高铁基础设施建造技术和既有线提速技术等方面都达到了世界先进水平，已经形成集设计、施工、制造、运营管理于一体的成套先进技术。③ 这一整套高铁技术即使与日本、德国和法国这些传统高铁技术强国相比也毫不逊色，其一是因为中国可以提供从轨道线路施工、列车整车出口、信号设备建设、列车动力牵引到高速铁路的运营、维护这一系列的一揽子服务，这是别国难以做到的；其二是因为中国高铁技术层面非常丰富，可以满足从每小时 250 公里到 350 公里的不同市场需求。

（三）政策优势

党中央、国务院非常重视中国企业的"走出去"战略，多次批示强调中国企业要尽快"走出去"，而像高铁产业这样的高科技尖端产业，更是国家高层重视、支持的对象。

近年来李克强总理频频出访世界各国，几乎到达每个国家都要宣传、推销中国高铁，可见党中央国务院非常重视"中国高铁"这一名片。可以说，这是中国在继"乒乓外交"、"熊猫外交"之后的新一轮外交策略——"高铁外交"。李克强总理的大力宣传确实起到了非常积极的作用，目前已有非常多的国家与中国达成了高铁援建项目方面的共识。2010 年 12 月，在北京举行的第七届世界高速铁路大会上，中国和泰国、老挝签订合作协议，将建一条连接中国、老挝、

---

① 以上数据均摘自网易财经。

② 建业：《中国高铁出击海外，配套企业两种模式分享盛宴》，证券时报网。

③ 张梦：《中国高铁远征海外市场》，《中国外资》，2010 年第 8 期。

泰国等东盟国家的高速铁路；2011年1月19日，在胡锦涛主席访美期间，中国铁道部与美国通用电气公司签署高速铁路动车组技术转让备忘录。之后哈萨克斯坦总统纳扎巴尔耶夫访华，中哈两国在此期间共同签署了《中华人民共和国铁道部和哈萨克斯坦共和国铁路国有股份公司关于阿斯塔纳－阿拉木图高速铁路建设合作备忘录》；中泰两国在2013年10月11日签署《中泰政府关于泰国铁路基础设施发展与泰国农产品交换的政府间合作项目的谅解备忘录》；李克强总理于2014年6月16日至21日访问英国，与英国首相卡梅伦商议高铁合作方面的事宜。①

三、中国高铁"走出去"的风险与应对措施

（一）标准壁垒风险

中国高铁走出去最大的障碍在于高铁标准被国外垄断。国外主要采用欧洲标准，中国标准国际上不接受。如中铁建参与土建的土耳其安伊高铁项目，采用的欧洲标准，目前中国公司参与正在商谈的伊朗高铁，也确定采用欧洲标准。

在标准之争背后，实质是中国企业和欧美企业的商业利益之争。采用欧洲标准，意味着中国高铁所有的产品装备都要经过欧洲认证，包括信号、机车、钢轨、水泥、橡胶垫片、紧固件等，此外还包括设计规范、工艺流程，甚至模具都需要改变为欧洲的高铁标准。没有取得欧洲认证，中国高铁就没资格进入国际市场。

中国企业的高铁产品都经过原铁道部质检中心的认证，事实已经证明产品安全，性能可靠。若要再经过欧洲标准的认证，将交纳一笔不菲的认证费用。有报道称，一家中国道岔生产厂商，如果要获得欧洲认证，至少要花费600万元。如果再改造中国高铁厂商模具、生产设备的规

格、工艺流程等，资金投入更大。这些都将大大增加中国高铁的生产成本。

中国高铁的竞争优势在于低成本、高效率，性价比高。如果采用欧洲标准，则增加生产成本，中国高铁的竞争优势丧失殆尽。而且一旦采用欧洲标准的体系，中国高铁从此受制于人，兴衰命脉掌握在竞争对手的手里。

在欧美发达国家，拥有成熟的高铁产业体系。中国高铁的标准和产品进入欧美发达国家市场，对其原来的产业一定会形成冲击，从自我保护的角度，欧美国家有动机通过技术壁垒不予接受或者抵制。

有关专家指出，中国高铁标准与欧洲标准相比，存在不足之处。中国高铁标准有的技术水平比欧洲标准更先进，但没有欧洲标准规范和详细，比如钢轨的欧洲标准包括物理和化学的成分多少、合金含量的比例多少。但事实上中国高铁产业已经形成完整的设计、建设、装备、运营、安全管理标准体系。

因而在面对发达国家市场时，高铁"走出去"战略的方向是完善中国高铁标准，推动中国标准的国际化。成为国际公认标准的过程，就是中国高铁品牌输出去的过程，也是把中国已经形成巨大产能的高铁产品、技术输出去的过程。

（二）知识产权风险

面对一个欠发达国家且自己独立的高铁产业，采用欧洲标准还是中国标准都无关自身利益。中国高铁良好的运营给经济发展带来的巨大推动作用，具有巨大竞争力，而且欠发达国家如果缺乏建设资金，中国还可以提供贷款融资。这样可以使其容易接受中国的标准、技术和规范。其实中国对外投资工程项目的亏损事件并不少见，原因大多数都是国内工程公司经验不足，对工程的前期计算失误和对当地天

---

① 摘自网易财经。

气、地理、宗教、生活习惯等情况不甚了解，最终导致亏损。但对于高铁项目的投资来说，情况还要更加复杂一些，除了上述提到的几点原因，还有很重要的一点，那就是知识产权问题。

中国的高铁技术是在2004年引进德国西门子和法国阿尔斯通技术的基础上，经过原始创新、集成创新、消化吸收再创新快速发展起来的。但所谓"自主研发"并未获得国际社会的一致认可，存在很高的潜在诉讼风险。据某外国媒体报道，川崎重工曾经表示，它在与中国财政部达成的技术转让合约中明确表示，该技术仅限于在中国使用，而不能运用在中国企业制造的出口产品上。日本一家企业的高层曾抨击中国的高速铁路行业"窃取"外国技术，并且在安全上大打折扣。另一家外资轨道交通设备企业的高管也曾抱怨说中国公司正在借用外国的技术来与技术来源国竞争出口合同。[①]可见中国高铁"走出去"之路依旧任重道远。

（三）项目实施风险

2009年2月10日，中铁建与沙特签订《沙特麦加萨法至穆戈达莎轻轨合同》。该合同是"EPC+O&M"总承包合同（设计、采购、施工加运营、维护总承包），合同总金额约合120.70亿人民币元，正线全长18.06公里，共设9座车站。根据合同，2010年11月13日开通运营，达到35%运能；2011年5月完成所有调试，达到100%运能。

截至2010年10月31日，沙特项目合同预计总收入120.51亿元，预计总成本160.45亿元，另发生财务费用1.54亿元，项目预计净亏损41.48亿元，其中包含34.62亿元的已完工部分累计净亏损和6.86亿元的未完工部分的预计亏损。

近些年来，国内建筑市场日趋饱和，众多建筑企业到海外"找饭碗"。但从各公司的合同执行情况看，财务状况并不乐观，不少企业海外承包的工程亏损严重。

目前，一些中国企业普遍存在"靠低价中标、靠索赔赚钱"的思想。但索赔必须以合同与法律为依据，只有一方违约或违法，才可构成对他方法律权利和经济利益的损害，受到损害的一方才有可能向违约方提出索赔要求，也就是说，在合同执行期间，施工文件得到雇主和承包商的确认，才构成双方公认的违约事实，这是索赔的根本依据。

根据EPC合同，承包商的任何索赔意向，必须在造成该项索赔事件开始发生后的28天内通知雇主，雇主收到承包商的索赔通知后，承包商还应在28天内提交详细报告，包括索赔金额及依据。如果雇主认为索赔成立，会在中期支付中把索赔款付给承包商。如果双方不能对索赔达成一致，由双方任命的争端裁决委员会决定，该决定在接到请求后的56天内发出。如果双方中的任何一方不接受争端裁决委员会的决定，则可启动双方都不愿走的耗资、耗时的国际仲裁程序。

中铁建2009年亏损已开始出现，但未按通常商业合同做法停工谈判，而是调集国内技术骨干不计成本地赶工期，赶工成本超出数十亿元，这绝非是正常商业合同所能解释的。

中铁建麦加轻轨项目由两个合同构成，一个是EPC合同，另一个是O&M合同。但项目的主体合同是EPC合同，该模式合同也叫"交钥匙工程"，工程的前期规划、设计、采购、施工、安装、调试均由承包商负责，也就是说，雇主拿到钥匙一启动就可以运营，其特点是工程价格总包干，雇主对承办商的干预较少，承包商的风险较大。

出于公平，该合同条件给予承包商预见风

---

① 《南车董事长：高铁技术出口美国无知识产权障碍》，网易财经，2010年12月13日。

险并提出化解风险的途径。承包商可以通过"承包商建议书"对认为潜在的风险进行明确，得到雇主的认可后，便可以在标价的讨价还价上取得主动权。

所以，在投标或议标时，承包商一定要与雇主确认工程的设计标准及使用的规范和计算书。如果招标文件中未明确，承包商就要通过"承包商建议书"提出自己的建议，一旦雇主接受，"承包商建议书"就构成合同文件的组成部分，这就化解了对设计思想的错误理解存在的风险。

当然，也有不少不可预见的风险，这就要求承包商的报价留有余地，把不可预见的风险成本计算进去。EPC合同规定合同文件的优先顺序，"承包商建议书"排在最低顺序，也就是说，即使建议书中提出了承包商的设计规范，假如该规范与雇主的招标文件要求不一致，则合同仍以有利于雇主利益的方式执行。如果在合同执行过程中对合同文件某些条款产生歧义，雇主会与承包商协商，不能通过协商达成一致，则雇主可发出指示，承包商对此指示必须遵守。

这就是风险，而且这种风险在合同文件中都给予暗示，在我国高铁"走出去"的过程中，国际工程承包商理应明晰这些暗示，充分预测到工程中会发生的各种风险。

（四）外交风险

首先，中国的"高铁外交"需要灵活的公共外交政策和手段去实现。中国"高铁外交"之所以需要公共外交，原因在于中国"高铁外交"的开展将可能刺激新一轮"中国威胁论"的登场。面对这种情况，中国应该更积极地表达自己和平发展的意图，以及"和谐世界"的中国理念，并加大对高铁建设周边小国的援助外交和文化外交，积极资助这些国家的青年学生和学者来到中国，增进了解。中国高铁既是一条经济贸易之路，也是一条文化交流的友谊之路，中国完全可以利用公共外交在世界各地撒播信任的种子。

其次，中国"高铁外交"需要与相关国家展开多边国际合作。一方面，中国公司在海外市场竞争时将会与法国阿尔斯通公司、德国西门子公司和日本川崎重工、加拿大庞巴迪公司等展开竞争。在国际竞标中，常常会引发一些国际纠纷，从而影响到中国与相关国家之间的正常关系。为尽量避免这种情况的发生，中国应该与几个主要的高铁公司展开有效的国际合作。比如，在竞标从麦加到麦地那的高铁项目中，德国西门子公司就和中国公司一起与法国和韩国的公司进行竞争。另一方面，高铁建设涉及沿线多个国家，各种非传统安全问题的应对以及铁路的融资和管理也需要多个国家一起合作解决。为此，中国需要与其他国家展开多边外交，在上合组织、亚太经合组织、东盟10+3框架中进行合作。同时，中国也可以建立相关的高铁合作组织，既可以以区域合作的名义建立，也可以在世界铁路联盟的名义下建立，将高铁合作置于一个国际组织的多边框架之下，使中国的高铁合作阻力降低到最小，从而顺利地推进中国与世界的高铁合作。

中国高铁"走出去"这一战略是实现中国从引资大国到投资大国转变的重要标志之一，对于实现中国从经济大国到经济强国的转变，有着极为深远的意义。实践证明，中国高铁"走出去"是一项漫长而复杂的大系统工程，必须站在中国未来发展的全球战略高度，加强统筹谋划，把握主要矛盾，认真评估每一具体环节，综合考量政治、经济、社会等多方因素，稳妥有序地向前推进。⑤

基于 LEC 法的铁路既有线电气化改造施工风险源识别与评价研究

李清立[1]，王宏坤[2]，张　骏[3]，李　丹[1]，郭玉坤[3]

（1.北京交通大学经济管理学院，北京　100044；2.合肥电气化改造工程建设指挥部，合肥　230011；3.上海铁路局工程建设管理处，上海　200071）

一、引言

风险源是造成各类事故的直接原因，也是安全管理研究和实践的重点。作为有效实施安全管理的关键，风险源识别一直是处在安全管理的起端位置。风险源评价有助于较为完整地掌握施工现场安全问题的内容和特点，以及可能存在的风险源对人、项目、社会、环境等方面的影响程度。掌握这些情况可以对设定安全管理重点、制定安全管理措施、分配安全管理任务等方面提供有力支撑。风险源识别与评价是风险控制的基础，只有对风险源进行详细、准确的识别与评价，风险控制才具有针对性和有效性。

二、铁路既有线电气化改造施工风险源的识别

既有线电气化改造施工中的风险源是导致工程事故的根源或状态，是可能通过一系列过程导致人员伤害，财产损失或工作环境破坏的不安全因素。通常情况下，风险源具有多样性、隐蔽性、欺骗性、互联性以及可预见性等主要特点。根据风险源在事故发生、发展中的作用，可以把风险源划分为两大类，即静态风险源和

动态风险源。如何准确辨识风险源是既有线电气化改造施工的重点内容，掌握既有线电气化改造施工风险源的识别方法与手段可以很好地控制事故的发生概率。

（一）风险源辨识主要环节

既有线电气化改造施工风险源识别可分为三个主要环节进行，依次是危险区域界定、存在条件分析、触发因素分析。

（1）危险区域界定。风险源一旦引发事故，即会有一个影响范围，该范围内的人员和财产就会遭受伤害和损失，这个影响范围叫做危险区域。不同的风险源引发事故影响的范围也不同。施工项目风险源的危险区域，可以在施工作业过程中，如机具伤害；也可以产生在整个施工项目范围内，如触电、窒息等。因此，在危险区域界定时，要将周边影响范围作为一个整体考虑。

（2）存在条件分析。风险源存在条件是指风险源所处的物理、化学状态和约束条件状态。风险源存在条件分析主要是针对静态风险源，由于静态风险源是固有存在的，在一定的触发条件下，这类风险源可能导致实际的伤害事故。因此，应该从技术的角度，对静态风险

源进行本质安全化处理或者运用防护技术等提高风险源触发阈值，降低风险源爆发的可能性和爆发后的危险程度，增加系统整体安全性。

（3）触发因素分析。施工现场人员既是被保护对象，又是源于不安全行为而产生触发因素的主要根源，是安全管理中最关键、最难控制的因素，它们既可能直接破坏风险源防护体系，也可能触发其他不安全因素而作用于风险源。触发因素主要指人、机、环三方面。触发因素主要来自以下动态风险源：自然因素，包括引起风险源转化的各种自然条件和其他变化，如湿度、温度、气温、气压、风速、振动、地震、雷电、雨雪等；人为因素，如心理因素、不正确操作、漫不经心、粗心大意等；管理因素，如指挥失误、判断决策失误、不正确管理、设计差错、错误组织安排等。

（二）风险源辨识方法

常用的风险源辨识方法包括直观经验分析法和系统安全分析方法两大类。

（1）直观经验分析法。直观经验分析法主要可以分为经验法和模拟推断法。

经验法是对照有关标准，以专业分析人员的观察分析能力为基础，借助于工程经验和专业判断能力直观地确定风险源并评价其风险性的方法。经验法的优点是简便、易行。但经验法的使用受到辨识人员知识、经验、判断力和可供参考先例数据的限制，出现遗漏的可能性较大。在实际辨识中，为弥补以上不足，在经验判断之后常采取专家头脑风暴法来相互启发，以便更加细致、明确地辨识风险源。

模拟法是通过利用相同或类似工程，或者相似作业条件的经验和事故类型的统计资料来类推、分析评价对象的危害因素。经统计分析，工程项目在事故类别、发生缘由、伤害方式、事故概率等方面极其相似，因此，通过对风险源和导致后果的类推不仅具有较高的置信度，还可以在很大程度上缩短从辨识到准备最后实

施的时间，对工程较为有利。

（2）系统安全分析方法。系统安全分析法一般应用于操作复杂、涉及面广、目标要求高的工程项目风险源辨识过程中。目前，系统安全分析方法比较多，从能量分析到作业安全分析、从意外事故分析到子系统安全性分析，这些方法的适用情况也有较强的针对性，所以在同一个工程项目中经常会使用不同的方法来辨识风险源及其危害。这些方法中，适用于既有线电气化改造施工现场风险源辨识的系统安全分析方法有：安全检查表法（Safety Check List，SCL）、风险性预先分析、事故树分析（Fault Tree Analysis，FTA）和因果分析等。

（三）风险源辨识手段

在既有线电气化改造工程项目施工现场风险源的辨识过程中，除了通过现场观察、资料观察等常用方法外，还可以采用以下几种辨识手段来获取风险源信息：

（1）外部信息搜集。充分利用网络信息资源，从类似企业、类似项目的企业文献或学术研究文献数据中搜寻有用的信息，可以更全面深入地认识所在项目的特点及注意事项。但是，也要防止被外部信息中所包含的失真、不全面的信息所误导。一定要把内部分析和外部信息搜集相结合，这样才有助于识别风险源。

（2）工作任务分析。工作任务分析包括流程分析和岗位分析，其中流程分析将施工工序分为许多流程单元，并针对每一单元分析其可能出现的偏差和危害；岗位分析主要是通过岗位职责的分析，确定岗位工作的范围、职责、步骤、处理方案等。只有项目的施工及管理人员明确自己的岗位职责和要求，才能最大限度地防止人在风险源上发挥的触发作用，进而降低工程项目事故发生的可能性。

（3）安全检查表。电气化施工的长期实践过程中形成了很多内容详尽的安全检查表。在实际安全管理中，运用这些已经编制好的检

查表，可逐项对施工现场进行系统的、有标准的安全检查。通过这样的表格，工程项目安全管理人员可以很好地将风险源信息进行积累，并在新项目中作为参考数据，有利于识别出存在的风险源。

（4）建筑信息模型（BIM）。在既有线铁路电气化施工前，通过建立BIM信息模型，实现施工过程的提前模拟，在信息系统中提供了铁路建设实际存在的信息，包括几何信息、物理信息、规则信息，并根据模拟情况，发现可能存在的安全风险问题以及有安全隐患的地方，通过加强该点的安全控制管理及施工工艺的不断优化来控制风险。

（四）既有线电气化改造项目常见风险源

（1）高处坠落，高处坠落指在高处作业时发生坠落造成的伤亡事故，如：人员由洞口坠落、操作人员由车辆上坠落、人员由梯子上坠落等，但不包括触电坠落事故。常见风险源包括：操作平台与交叉作业的安全防护不符合规定；临边与洞口的安全防护不符合规定；作业人员未进行体检等。

（2）物体打击，物体打击指物体在重力或其他外力的作用下产生运动，打击人体造成人身伤亡事故，但不包括因车辆、起重机械、机械设备、坍塌等引发的物体打击。物体打击方面的风险源包括：安全网不符合或无准用证；进入施工现场不戴安全帽或安全帽不合格等。

（3）坍塌事故。坍塌是指物体在外力或重力作用下，超过自身的强度极限或因结构稳定性破坏而造成的事故，如：挖沟时的土石塌方、堆置物倒塌等。坍塌方面的风险源包括：坑边休息；雨季施工无排除坑内积水措施；土方工程中边坡不具备放坡条件或坡度不符合规定；掏挖或超挖等。

（4）机械伤害。机械伤害是指机械设备运动（静止）部件、工具、加工件直接与人体接触引起的绞、碾、割、刺、夹击、碰撞、剪

切、卷入等伤害。机械伤害方面的风险源包括：起重机、打桩机械、推土机、装载机、挖掘机等的防护设施不齐全，无证使用、操作，违反操作规程进行施工等。

（5）触电伤害。触电伤害主要发生在停送电操作、电工、焊接作业等。触电方面的风险源包括：导线接头不符合规定；电工无证上岗，电工保护用品不合格；导线破坏、老化、导线与器具连接松动，导线随意拖地等。

（6）人员伤害。人员伤害的风险源包括：进入施工现场人员和作业人员，在施工现场不能正确使用安全防护用具、用品；作业人员入场没有按规定进行教育；特种作业人员未经培训，无证上岗等。

（7）易燃、易爆危险品。易燃、易爆危险品指各类油漆、灭火器、火药、雷管及各类火源等。其风险源包括：易燃、易爆危险品不按严格的规章制度存放、搬运、使用和保管；氧气和乙炔气瓶防火距离不够；易燃和易爆区域内违反消防规定（抽烟、擅自动火）等。

三、既有线电气化改造风险源危险性评价

（一）危险性评价方法

危险性评价就是对危险性作出定性或者定量的描述。危险性评价方法针对能否在评价中对评价指标进行量化处理来分类，分为定性评价和定量评价。

（1）定性危险性评价。定性评价是指根据经验和判断能力对生产工艺、设备、环境、人员、管理等方面的状况进行非量化评价。风险源辨识就是对危险性的一个定性评价，它由参与评价的人员凭借自己所掌握的知识、经验，对照有关的标准、规范，或者根据同类系统或类似系统以往的事故统计资料，找出系统中存在的可能在某种条件下引发事故的风险源，同时提出安全控制措施。定性评价结果总体来说

比较粗略，只能大概了解系统的危险程度，且评价结果受到评价人经验、思维倾向、分析判断能力以及所占有资料的影响。

（2）定量危险性评价。定量评价包括半定量评价和定量评价两种类型。半定量评价是指用一种或几种可直接或间接反映物质和系统危险性的指数（指标）来评价系统的危险性大小，如物质特性指数、人员素质指标等。定量评价根据对危险性量化方法的不同，又分为相对的定量危险性评价和概率危险性评价。

（二）风险源危险性评价方法选择

通过风险源的辨识获得了系统的风险源清单，对系统中的风险源做全面了解。然后对清单中的风险源进行危险性评价。在评价过程中，应当根据风险源的特点，选择适合的危险性评价方法来对风险源的危险性进行评价。

既有线电气化改造施工项目中的单项风险源评价中多采用定性评价法与半定量评价法。如：直接判定评价法、安全检查列表法等定性评价方法和作业条件危险性评价法（LEC法）、故障树分析法等半定量方法。本研究在评价风险源危险性时采用作业条件危险性评价方法（LEC）。

作业条件危险性评价方法（LEC）简单易行，是评价操作人员在具有潜在危险性环境中作业时危险性的半定量评价法。

危险性可以用以下公式表示：D = L×E×C，其中：L——事故发生的可能性大小；E——人员暴露于这种危险环境中的频繁程度；C——一旦发生事故可能造成的损失后果；D——危险性。D 危险性的确定，首先要评价或确定 L、E、C 等三个要素的取值，其取值如表 1~4 所示。

L、E、C 值的确定要结合专家打分法、现场勘查法和经验分析法。在工程开工前组织专家组对施工现场进行实地勘查，主要是了解现场的地理、地质、人文等环境影响因素，以便

在召开专家会议的时候能够更加客观地对风险源进行评价。进行现场勘查过后就要召开专家会议，针对安全风险识别结果记录表中的各项内容展开讨论，根据各位专家的经验，同时借鉴以往既有线电气化改造施工中出现的安全问题及调查结果，对各风险事件发生的可能性、频繁程度以及造成的后果进行详细分析，并最终给出相应的打分。

危险性分值 D 的确定，某一危险因素的危险程度大小，由上述三个方面评价得分的乘积表示，即：D = L×E×C，得分越高，说明其危险性越大。危险因素控制等级分为四类：一般危险因素、重要危险因素、重大危险因素和极大危险因素。凡分值小于 70 分的为一般危险因素；凡分值大于等于 70 分、小于 160 分的危险因素即为重要危险因素；凡分值大于等于 160

L－发生事故或事件的可能性　　　表1

分值	事故或事件发生的可能性
10	完全可以预料
6	相当可能
3	可能，但不经常
1	可能性小
0.5	很不可能，完全意外
0.2	极不可能
0.1	实际不可能

E－暴露于潜在危害环境的频繁程度　　　表2

分值	暴露频繁程度
10	连续暴露
6	每天几次暴露
3	每周几次暴露
2	每月几次暴露
1	每年几次暴露
0.5	非常罕见地暴露

C – 发生事故产生的后果　　　表3

分值	后果	
	财产损失（万）	人员伤亡
100	2000 及以上	3 人及以上死亡
40	1000~2000	2~3 人死亡
15	300~1000	1 人死亡或 3 人以上重伤
7	150~300	重伤或 4 人以上轻伤
3	70~150	1~3 人轻伤
1	1~70	微伤

D – 风险等级 = L×E×C　　　表4

类别	D 值	危险程度
0	D<20	稍有危险，可以接受
Ⅳ	20 ≤ D ≤ 70	一般危险，需要注意
Ⅲ	70<D<160	显著危险，需要整改
Ⅱ	160 ≤ D ≤ 320	高度危险，需立即整改
Ⅰ	D>320	极其危险，不能继续作业

分，小于 320 分的为重大危险因素；凡分值大于等于 320 分的为极大危险因素，应立即停止生产经营或作业，进行全面整改。

当出现下列任意一项时，可直接确定为不可容许风险：现状严重不符合法律、法规及其他要求；相关方有合理抱怨和强烈要求；曾经发生过事故，且未采取有效防范、改进控制措施；直接观察到可能导致严重后果，且无适当控制措施。

为保持风险源清单的有效性，应该定期（一般为每年）组织风险识别、风险评价和控制措施策划。

但当出现以下情形之一时，应立即更新风险源辨识清单：生产规模、生产设备的扩大、减少、更换；机构职责的重新分配；生产方式和生产工艺的变化；法律、法规及其他要求的变化；事故或险肇事件发生后。

（三）风险源危险性评价方法的应用

以接触网施工为例，在开工前组织专家组对施工现场进行实地勘查，了解现场的地理、地质、人文等环境影响因素，分析具体施工方案，对工程基本情况进行初步了解后，召开专家座谈会，对识别出的风险源用 LEC 法进行评价。分别从事故发生的可能性大小、人员暴露于这种危险环境中的频繁程度、一旦发生事故可能造成的损失后果三个方面给出相应的评分；根据专家给出的评分计算危险性分值，根据危险性分值判断风险等级。表5（附后）给出了前期识别出的一部分风险的具体评价分析结果。

四、总结

通过分析现有的风险源，运用 LEC 评价方法对安全隐患进行危险性评价，可使决策结果更为科学，达到对既有线电气化改造施工风险源进行系统科学识别与评价的目的。在实际工程中，要根据工程的具体情况进行分析，选取适宜指标进行评价，当危险性指标选取过多或不适宜时，结果的准确性会受到一定影响。⑤

参考文献：

[1] 李前进.铁路工程施工危险源辨识——风险评价与风险控制研究 [D].西安建筑科技大学.2004，43~44

[2] 冉龙华.铁路工程项目施工风险管理及对策研究 [D].西南交通大学.2007，33~34

[3] 王兴中.铁路营业线施工风险分析与管理研究 [J].铁道建筑，2011（4）：120~121

[4] 刘桂全.铁路营业线施工安全管理知识 [M].中国铁道出版社，2011，34~36

[5] 任应科.浅析既有铁路的电气化改造工程 [J].工业科技，2009，38(1)：53~54

[6] 刘卡丁，丁烈云，郑兰兰.地铁车辆段接触轨安全保障体系构建 [J].都市快轨交通，2011，24(5)：87~88

风险等级评价表 表5

序号	施工作业内容	安全控制点	作业条件危险性评价				风险等级
			L	E	C	D	
1	施工组织设计	1、开工前与行车、工务、电务等部门签订安全协议	6	3	15	270	Ⅱ
		2、施工前向有关部门提报施工计划	3	3	8	72	Ⅲ
		3、施工人员资质	3	3	3	27	Ⅳ
		4、确定地下设施（电缆、管道）准确走向	6	3	15	270	Ⅱ
		5、场地布置、施工通道情况	6	6	7	252	Ⅱ
2	安全技术交底	交底准确到位	3	3	3	27	Ⅳ
3	岗前培训	1、开工前施工人员安全培训	6	6	7	252	Ⅱ
		2、施工人员安全教育	6	6	7	252	Ⅱ
4	物资准备	1、材料运输过程中的捆绑	3	6	7	126	Ⅲ
		2、材料储存过程中的堆码	3	6	7	126	Ⅲ
		3、设施设备检查验收	3	2	7	35	Ⅳ
		4、各种起重吊装机械操作人员持证上岗	6	6	7	252	Ⅱ
		5、起重吊装前对机械部件进行安全检查	6	6	7	252	Ⅱ
		6、起重作业时，重物下方不得有人停留或通过	6	3	15	270	Ⅱ
		7、消防管理组织机构及设施	6	6	7	252	Ⅱ
		8、重点部门的消防警示牌、负责人标识	6	6	7	252	Ⅱ
5	施工准备/工机具准备	1、购买及使用工器具的质量	3	6	7	126	Ⅲ
		2、工器具使用前的检查验收	3	6	7	126	Ⅲ
		3、吊车卷扬机部分钢丝绳磨损情况检查	6	6	7	252	Ⅱ
		4、安全保护用品的正确使用	6	3	7	126	Ⅲ
		5、施工作业车规范开行	3	6	7	126	Ⅲ
		6、施工人员、机具及材料堆码规范	3	6	15	270	Ⅱ
6	挖坑、基础	1、基坑正当防护、排水、支撑	3	6	7	126	Ⅲ
		2、弃土堆放规范	6	3	7	126	Ⅲ
		3、雨季施工措施	6	2	7	84	Ⅲ
		4、监护、警示等安全措施	3	6	7	126	Ⅲ
		5、采取地下设施保护措施	6	3	7	126	Ⅲ
		6、基坑遮挡	3	6	7	126	Ⅲ
		7、基坑开挖及接地极埋设过程中探明地下管线的位置	6	6	7	252	Ⅱ
		8、基坑开挖时进行土质检查	3	6	7	126	Ⅲ
		9、基坑开挖保证路基稳定	3	3	15	135	Ⅲ
		10、排水沟应经常清理	3	2	7	42	Ⅳ
		11、基坑水不应排放到路基上	3	2	7	42	Ⅳ

中英结构规范对钢筋力学性能的规定与研究

杨　峰，王建英，王力尚

（中国建筑股份有限公司海外事业部，北京，100125）

目前，随着国家政策的鼓励以及国内建筑承包商发展的需要，越来越多的建筑承包商走出国门，开拓海外市场。与其说开拓，不如说是锻炼、成长、发展、经历并逐渐走向成熟。全球建筑市场分为欧美市场、中东市场、非洲市场、东欧市场、以及东南亚市场等等。走出国门会遇见很多难题，设计规范和施工规范的异同就是其中之一。英国标准种类繁多，如何运用英国规范进行结构设计呢？笔者在中建海外系统工作多年，对英国规范有所了解，本文主要就混凝土结构钢筋力学性能的规定和异同进行阐述，并进行一定的分析。

1　中英常用钢筋规范标准明细

在中国涉及到钢筋的规范有钢筋材料规范GB1499，钢筋混凝土结构设计、施工规范（《混凝土结构设计规范》GB50010，《混凝土结构工程施工质量验收规范》GB50204和《混凝土结构工程施工规范》GB50666等规范。另外，还有《钢筋机械连接技术规程》JGJ107和《钢筋焊接及验收规程》JGJ18。

英国钢筋设计与施工的规范标准有《混凝土的热轧钢筋规范》（Hot Rolled Steel Bars for the Reinforcement of Concrete –BS4449）和BS EN 10080、BS EN 10060等材料标准，BS EN ISO 15630-1、BS EN ISO 15614、BS EN 1435、BS EN ISO 17635:2010等试验标准，BS EN ISO 15607、BS EN ISO 15609、BS EN ISO 17660、

BS EN 1011等焊接标准，混凝土的结构设计与施工（The Structural Use of Concrete Design and Construction –BS8110）和BS EN 1992、BS EN 13670等设计施工标准，混凝土加筋钢丝（Steel Fabric for the Reinforcement of Concrete –BS4483），混凝土钢筋弯曲尺寸和加工表（Bending Dimensions and Scheduling of Bars for Reinforcement of Concrete –BS 4466）和BS 8666等加工标准。

通过比较可知：（1）中英两国混凝土结构钢筋规范分类不同，英标从材料、工艺上分类，而中国规范多从行业、专业上建立体系；（2）英标内容编制与中国规范不同，英标正文中多索引相关规范号，一般不重复具体内容，便于体系更新，而中国规范则直接引用相关规范内容，虽便于使用但不利于体系及时更新；（3）中英钢筋规范的使用结果不同。英国规范一般注重于框架原则的规定，在允许的范围内，让设计使用者可以进行优化，这就要求只能是工程师级别的人才可以使用规范。中国钢筋规范则规定得比较具体，只要按照规范的要求去做就可以，能使用规范的人范围更广。（4）对于一些特殊的国家和地区，由于材料和气候等的不同，在使用英标钢筋规范的时候，需要进一步细化。

2　钢筋品种与规格对比

根据现行中国国家标准《钢筋混凝土

用钢第1部分：热轧光圆钢筋》GB1499.1、《钢筋混凝土用钢第2部分：热轧带肋钢筋》GB1499.2，钢筋按屈服强度特征值分为235、300、335、400、500五级，分类及牌号详见表1。

英标对混凝土结构用钢筋按几何或者特性试验分级，没有明确的分级规定。如：

（1）BS EN 1992-1-1:2004《欧洲法规2.混凝土结构设计.第1.1部分 总原则和对建筑结构的规定》中对钢筋屈服强度 f_y 的要求为400~600MPa。

（2）BS EN 10080:2005，规范不界定技术分级。技术分级应按照本规范定义的具体值确定，包括屈服强度 R_e、最大力总伸长率 A_{gt}、抗拉强度 R_m/屈服强度 R_e、屈服强度实测值 $R_{e,act.}$/

屈服强度标准值 $R_{e,nom.}$（如适用）、疲劳强度（如需要）、可弯性、可焊性、握裹强度、焊接或夹具式接头连接强度（对焊接网片或梁筋骨架而言）、尺寸公差。

（3）BS 4449:2005+A2:2009混凝土结构用钢筋标准中对500MPa级别的钢筋根据延度又分为B500A、B500B、B500C三类（表2）。

由此可见，关于钢筋材料规格规定问题，中英两国规范强度规定和安全系数比较接近，但英国钢筋规范规定钢筋规格品种少，屈服强度偏高。

3 钢筋力学性能对比

3.1 屈服强度性能

混凝土结构用钢筋分类（中国）　　　　　　表1

产品名称	牌号	符号	钢筋表面标志符号	公称直径 d (mm)	屈服强度 R_e (N/mm²)	抗拉强度 R_m(N/mm²)	断后伸长率 A (%)	极限应变 ε_{su} (%)	备注
					不小于				
普通热轧光圆钢筋	HPB235	Φ	无	6~22	235	370	25	10.0	
	HPB300			6~22	300	420			
普通热轧带肋钢筋	HRB335	Φ	3	6~50	335	455	17	7.5	一至三级抗震结构适用牌号为：已有牌号后加E，如HRB400E、HRBF400E
	HRB400	Φ	4		400	540	16		
	HRB500	Φ	5		500	630	15		
细晶粒热轧钢筋	HRBF335	Φᶠ	C3	6~50	335	455	17		
	HRBF400	Φᶠ	C4		400	540	16		
	HRBF500	Φᶠ	C5		500	630	15		

中英钢筋强度级别对比表　　　　　　表2

国别	规范	钢筋强度级别				
中国	GB 1499.1-2008	HPB235	HPB300	—	—	—
	GB 1499.2-2007	—	—	HRB335、HRBF335	HRB400、HRBF400	HRB500、HRBF500
英国	BS 4482:2005	Grade 250				Grade 500
	BS 4449-2005	—		—	—	B500A、B500B、B500C

在钢筋的五大基本力学性能（屈服强度 R_e、抗拉强度 R_m、断后伸长率 A、最大力总伸长率 A_{gt}、抗拉强度与屈服强度的比 R_m/R_e）里，屈服强度 R_e 是决定钢筋混凝土结构承载力与结构设计的主要指标，世界各国都用屈服强度来命名钢的强度等级。而中国 GB 1499 规定钢筋混凝土用钢筋基本力学性能为四大指标（表3），直径 28~40mm 各牌号钢筋的断后伸长率 A 可降低1%；直径大于40mm 各牌号钢筋的断后伸长率 A 可降低2%。对抗震结构用钢筋则额外提出了强屈比等三个规定。GB50010-2010 中第11.2.3条规定"按一、二、三级抗震等级设计的框架和斜撑构件，其纵向受力钢筋应符合下列要求：Ⅰ级钢筋的抗拉强度实测值与屈服强度实测值的比值不应小于1.25；Ⅱ级钢筋的屈服强度实测值与屈服强度标准值的比值不应大于1.30；Ⅲ级钢筋的极限应变不应小于9%"。GB50204-2002（2011年版）第5.2.2条、GB50666-2011 第5.2.2条亦做出了相应规定。

在英标混凝土结构钢筋规范里，钢筋采用屈服强度、强屈比、最大力总伸长率三大指标。具体参考英标 BS 4449-2009 规定，见表3。

通过对比中英混凝土钢筋规范，可知中国Ⅰ级钢筋的延伸率大于英国250级钢筋，中国Ⅱ级和Ⅲ级钢筋的延伸率大于英国 B500A 和 B500B 级钢筋。但中国钢筋规范里的钢筋品种较多，大多数强度明显低于英国钢筋规范规定的强度。考虑英国地震较少，英标对钢筋强屈比的要求低于中国对抗震结构钢筋的要求。

3.2 弯曲性能

中国标准 GB 1499 规定按标准中规定的弯芯直径弯曲180°后钢筋受弯曲部位表面不得产生裂纹。根据需方要求，热轧带肋钢筋可进行反向弯曲性能试验。反向弯曲试验的弯芯直径比弯曲试验相应增加一个钢筋公称直径，先正向弯曲90°后再反向弯曲20°，两个弯曲角度均应在去载之前测量。经反向弯曲试验后，钢筋受弯曲部位表面不得产生裂纹。

英标《混凝土结构用钢·可焊接钢筋－总则》BS EN 10080-2005 中规定可通过弯曲或反弯曲试验来确定钢筋的弯曲性能。如需要做弯曲或反弯曲试验，则应遵循 BS EN ISO 15630-1 按表4规定的弯芯直径及弯曲角度弯曲后不应

BS 4449 钢筋力学性能特征值 表3

产品名称	等级分类	屈服强度标准值 R_e（N/mm²）	抗拉强度/屈服强度比值 R_m/R_e	最大力总伸长率 A_{gt}（%）
盘卷光圆钢筋直径 $d \leqslant 12$mm	Grade250	250	1.15	5.0
带肋可焊钢筋	B500A	500	1.05（$d<8$mm 时，取1.02）	2.5（$d<8$mm 时，取1.0）
	B500B	500	1.08	5.0
	B500C	500	$\geqslant 1.15, <1.35$	7.5

英国标准中钢筋弯曲与反弯曲试验最大弯芯直径（单位：mm） 表4

弯曲试验		反弯曲试验	
弯曲不小于180°		弯曲不小于90°，对试件进行时效处理，然后再至少向回弯20°	
可焊接钢筋公称直径 d	最大弯芯直径	可焊接钢筋公称直径 d	最大弯芯直径
$d \leqslant 16$	$3d$	$d \leqslant 16$	$5d$
$d>16$	$6d$	$16 < d \leqslant 25$	$8d$
		$d>25$	$10d$

出现肉眼可视断裂或裂纹现象。BS4449应与BS EN 10080-2005中相应规定保持一致。

由此可见,中国标准对弯曲性能试验最大弯芯直径的规定高于英国标准规定。

3.3 疲劳性能

目前国内基本上研究钢筋混凝土构件的静态下的强度,对钢筋疲劳试验和规定还没有统一的规定。GB 1499中对热轧带肋钢筋规定"如需方要求,经供需双方协议,可进行疲劳性能试验。疲劳试验的技术要求和试验方法由供需双方协商确定"(可参考国标《金属材料疲劳试验轴向力控制方法》GB/T3075-2008)。中国混凝土结构设计规范GB50010-2010中表4.2.6-1对钢筋疲劳应力幅限值(N/mm²)进行了规定。但英国、德国、美国和日本在其建筑用钢性能标准中,将疲劳强度作为材料使用能力的重要指标。英国混凝土中可焊接钢筋标准BS4449明确规定了带肋可焊接钢筋认证必须的疲劳性能的要求规定:在轴向等幅力控制,以0.2的应力比($\sigma_{min}/\sigma_{max}$)和表5所给应力范围条件下,带肋钢筋的疲劳寿命必须达到

带肋可焊接钢筋疲劳试验条件 表5

钢筋公称直径 d(mm)	应力范围(MPa)
$d \leq 16$	200
$20 \geq d > 16$	185
$25 \geq d > 20$	170
$32 \geq d > 25$	160
$d > 32$	150

500万次。

4 英标工程案例

现在通过中东地区项目的钢筋应用情况了解一下英标情况下的钢筋力学性能,见表6。

5 结语

总之,通过对中英两国规范钢筋力学性能的比较得知,英标钢筋的品种少,但屈服强度比较高,钢筋多用屈服强度特征值为460N/mm²的高强度钢筋;化学成分的允许偏差要求更严格,具有更好的可焊性,综合性能较好;考虑英国地震较少,英标对钢筋强曲比的要求低于中国对抗震结构钢筋的要求。中国目前对钢筋疲劳试验和规定还没有统一的规定,而英国标准中则比较清楚明确。

参考文献:

[1] 混凝土结构设计规范 GB50010-2010 [S]. 北京:中国建筑工业出版社,2011.

[2] 混凝土结构工程施工质量验收规范 GB50204-2002, [S]. 北京:中国建筑工业出版社,2011.

[3] 混凝土结构工程施工规范 GB50666-2011 [S]. 北京:中国建筑工业出版社,2011.

[4] 钢筋混凝土用钢 第2部分 热轧带肋钢筋 GB1499.2-2007 [S]. 北京:中国标准出版社,2007.

[5] 钢筋混凝土用钢 第1部分 热轧光圆钢筋 GB1499.1-2008 [S]. 北京:中国标准出版社,2008.

采用英标的工程案例 表6

科目	城市之光项目	南方酒店项目	黑格玛高层项目
屈服强度设计	高强钢筋:460N/mm² 圆钢:250N/mm²	高强钢筋:460N/mm² 钢筋网片:460N/mm²	高强钢筋:460N/mm² 钢筋网片:460N/mm²
规范要求	BS 4466:1989	结构钢筋 BS 4449 钢筋网片 BS4483	结构钢筋 BS 4449 或 ASTM A615; 钢筋网片 ASTM A497,A185 或 BS4483

中国企业走出去如何应对体制障碍的挑战

——以华为、中兴为例

金 战 祥

（对外经济贸易大学国际经贸学院，北京 100029）

一、华为、中兴进入美国等发达国家市场面临的体制障碍

在电信领域，中国企业由于起步较晚，缺乏产权技术的积累，过去一直被国外厂商所垄断。但近年来，以华为、中兴为代表的中国企业迅速崛起，首先凭借成本优势和服务优势占领市场，然后凭借在研发上的巨大投入极大增强了自身的研发能力，在相关领域迅速拥有了大量的自主知识产权，并且在世界市场的份额逐步赶超老牌设备供应商。尤其在欧洲市场上，专利申请世界前三的华为和中兴公司更是捷报频传，他们凭借先进的技术优势获得了大量的市场份额。

但是，当华为、中兴迅速发展，准备在世界市场上大展身手，并且向电信业的核心市场美国扩张的时候，却连连遭遇"滑铁卢"，美国市场一直对它们大门紧闭。由于全球电信设备的最大买主都集中在北美，因此美国市场对于华为和中兴而言，重要性不言而喻。

对于任何一家电信设备提供商来说，拿不下美国市场，就不能称为真正的全球化公司，因为美国占据了全球四分之一以上的电信设备市场、三分之一以上的企业和网络设备市场、六分之一的智能手机市场。在电信设备圈内，更是有一种"得美国电信设备市场，得电信设备天下"的说法。因此华为、中兴在美国市场遭遇的困境对其他中国企业均具有很强的借鉴意义。

据估计，华为公司目前在美国的营收只有区区 20 亿人民币，连公司营收的 1% 都不到。华为长期以来坚持在美国投资，并在当地建立研发中心、销售团队和安全架构，可以说尝试了几乎各种方式试图攻入美国市场，结果均不成功。

（1）尝试直接进入：华为曾专门设立美国代表处，并对美国市场展开营销攻势，结果换来的却是思科对华为的知识产权诉讼。虽然这起官司最后以和解收场，但是华为也被美国市场拒之门外，更为其以后重新进入美国市场留下了所谓"窃取专利"的把柄。

（2）尝试曲线进入：华为也曾试图绕道加拿大攻入美国，但事与愿违，华为与北电的合作逐步陷入困境，其后由于试图收购未果而不得不终止。

（3）尝试并购进入：华为数次试图通过收购进入美国市场，尝试收购 3Com，试图购买摩托罗拉的无线设备资产，努力收购美国互联网软件公司 2Wire，甚至花 200 万美元买一家创业公司 3Leaf，结果却都遭遇"滑铁卢"。

华为公司各种试图进入美国市场的方法都没有收到成效，反而进一步被美国政府以"国家安全"为由，排除在美国全国应急网络的竞标外。更甚至于在去年，美国国会发布报告认定华为和中兴的设备会威胁美国国家安全。美国众议院情报委员会主席麦克·罗杰斯（Mike Rogers）还呼吁美国政府和民营领域不要使用华为和中兴的设备，致使华为中兴的努力付诸东流，并且处于美国舆论的风口浪尖。

面对如此形势，华为、中兴意均识到在目前仅仅通过企业自身的努力已经很难打破一些非市场阻碍，企业需要更多的外部支持。

中兴通讯希望以采购行动争取美国市场对其身份的认可，试图通过向美国芯片厂采购半导体芯片，并且从美国厂商那里采购大量的技术和产品，以开发针对美国市场的电信解决方案。

为了更加透明化，中兴还同意让第三方监察该公司的硬件和软件，甚至给美国相关机构查看软件代码。而华为也在斥巨资从美国公司采购处理器和其他组件示好美国公司，与此同时华为还聘请了游说、咨询和律师团队试图争取合同。华为花费重金请出了由美军参谋长联席会议前副主席创办的咨询公司Amerilink帮助华为竞标。Amerilink聘请了Sprint前高管、前世界银行行长和北电网络前CEO以及美国前国会和国防部的官员加盟。

近年来，中兴和华为坚持继续美国本土化的进程，在美国进一步兴建工厂。但即便如此，华为和中兴仍然难以在美国市场打开局面。华为中兴的遭遇实际上不仅限于美国，其他西方国家也曾同样质疑和拒绝华为，比如华为曾主动提出愿出资5000万英镑为伦敦地铁铺设手机网络，但英国政府以国家安全为由拒绝；而德国研究网（DFN）也因安全原因结束了跟华为长达7年的合作关系，而把科技网的扩建交给了一家以色列公司；澳大利亚政府以国家安全为由，禁止华为参与澳大利亚380亿美元的国家宽带网络项目。中国科技企业第一次在世界市场上面临如此严峻的挑战，对方把问题直接上升到"国家安全"的角度，似乎决心扼杀中国企业在世界市场上的发展前景。面对如此困难，中国企业显然在应对上缺乏经验和足够的能力。

二、政治考量与经济利益一起作祟

改革开放的三十多年，中国企业在走出去的过程之中逐步进步，最初凭借廉价劳动力获得的价格优势占领初级产品市场，美国以反倾销反补贴为由打压；然后随着中国企业逐步积累了一定的技术、产品具有一定附加值，并且同时具备一定成本优势，美国开始以知识产权为名进行打压同时兼具反补贴反倾销调查，这也是中国企业目前遭遇的普遍情况。现在，随着一批在相关领域具有领先水平的企业的崛起，比如华为中兴，美国又以国家安全为名进行打压。从最初中国从美国引进高科技产品，输出廉价商品，到代表着中国企业、中国技术的以华为、中兴为代表的企业进入美国，这种改变已然触及到美国的"帝国梦"，削弱了美国的领先优势，这无疑让美国感到了真正的挑战。

美国在国家安全方面的考虑向来谨慎，任何挑战美国霸主地位的因素，均会在美国国内引发轩然大波。美国试图阻止华为、中兴这些来自中国的设备提供商杀入美国市场自然也有这方面的因素。但更重要的因素并非如此，经济层面似乎是美国碍于脸面而在掩饰的地方。在美国这些冠冕堂皇的"指控"制造的"政治迷宫"之后，隐藏着美国贸易保护主义的真相，即试图将简单的经济问题政治化，并且打着"国家安全"的旗号，以此阻碍中国有实力、有前景的企业在美国乃至全球市场的拓展，进而实现通过打击中国的战略性产业，遏制中国崛起的目的。

案例分析

美国特殊的政治体制中议员对决策有着很大的影响力：在美国国会议员中有73位议员握有思科集团（Cisco Systems）的资产，而思科正是华为、中兴在美国最直接的竞争对手。近些年来，随着华为、中兴的迅速成长，其市场竞争力大幅度提升，华为、中兴一旦攻入美国市场，思科的利益必将受到冲击。其必定会展开游说，强调华为进驻对于股东的不利影响，手握立法权并与思科利益攸关的美国国会议员们怎么可能放任华为、中兴如此轻松进入美国市场？这实质上也是华为与思科知识产权之争的2.0升级版，同时也是思科试图阻止华为、中兴抢夺其市场所做的努力，因为面对电信业来临的4G市场的大蛋糕，如果可以阻止共拥有全球约1/4的4G基本专利的华为、中兴进入自己的地盘，思科就可以坐而独享。

历史上企业进入一个全新的市场总会或多或少地受到排斥，很多是由于文化上的差异或者是长久积累的偏见。就像20世纪七八十年代日本汽车进入美国市场后面临的局面一样，中国企业在国外必须经过一段时间的融入和磨合，也要经历一个接受的过程。可以预见，未来将会有更多的中国企业遇到国外保守势力的围堵和绞杀。这不全是坏事，恰恰从侧面说明了中国企业的壮大和中国经济的崛起。毕竟，优秀的中国企业已经有实力冲击相关领域的行业巨头以及能够让美国政府感到威胁。与此同时，中国企业国际化的大环境也发生了根本性的变化，随着越来越多的中国企业以"搅局者"的形象崛起，被排挤和打压很可能成为未来的一种常态。

目前华为、中兴进攻美国市场面临的阻碍——"国家安全"就像一个魔咒笼罩在他们最想突破的美国市场的上空，在这个政治迷宫面前，中国企业唯一能做的，不是远离迷宫，而是尽早摸清迷宫的全图，找到正确的路径。

三、中国企业进入北美市场的对策建议

（一）多元化改变

随着国际大环境的变化和全球化进程的演进，越来越多的中国企业意识到在走出去的过程中所应该具备的不仅仅是生产水平、研发能力和竞争力，更要对不同市场的贸易壁垒有一个更加深刻的认识和了解；要求不仅仅要做好产品、打响品牌，更要注意文化差异和政治敏感性；不仅仅要适应市场，更要加强对政府、媒体和公众的沟通能力。

在屡屡碰壁之后，华为、中兴也在积极求变，努力改变自己在国际市场上的"不按常理出牌"的庞大设备供应商的公司形象，从"封闭不透明"的公司转型成为一家透明开放的公司，从所谓的"专利盗窃"公司转型为一家有创新实力的公司，从"国家安全威胁者"转型为一家守法的高科技公司。

面对安全性要求较高的电信设备领域的难以突破，华为试图曲线建立和改变华为在消费者心中的品牌印象，那就是寻求手机、平板电脑等智能设备领域的突破。对于普通的美国消费者来说，华为给他们留下的印象，可能更多是媒体宣传的那样——"一家因为国家安全被美国政府制裁的中国公司"。华为需要建立一个对消费者负责的企业形象，因此市场相对开放的智能设备领域成为了突破的可能性所在，但开放与竞争同在，华为也会面临相当大的挑战。

在国内和欧洲市场不断的开拓摸索下，华为在智能设备领域的成长有目共睹，凭借在体育竞技领域的宣传推广，华为在欧洲已经解决了品牌和认知度问题，并且已经具备了与国际知名厂商竞争的实力，为拓展美国市场积累了丰厚的经验。

作为手机厂商，华为其实很早之前就进入

了美国市场，不过更多的是与运营商合作，提供廉价、无品牌手机。而现在华为也逐渐通过网站直接向美国消费者销售，这是华为作为智能手机品牌真正意义上进入到美国市场。华为寄希望于数字媒体，通过博客、社交媒体等社会化工具，来推广华为在美国消费者中的品牌知名度，这样就可以砍掉那一部分原本用在宣传推广上的巨大预算，从而大幅降低产品的售价，以此来提高手机的性价比，进而通过直接给予消费者真正实惠来提升其品牌在他们心中的形象。

如果可以在智能设备领域做出成就，建立在消费者心目中的形象，就可以抓住消费者的心。那样一旦面对来自政府的压力，公司在舆论上不至于让自己陷入被动，从而为自己进一步扭转不利局面创造良好的氛围和机遇。

（二）合理化公司结构

华为公司自身在组织结构方面存在的问题，是美国市场对华为起疑的重要原因所在。没有上市的华为资金来源主要来自于国有四大行；组织结构上华为公司设有"党委"和"党委书记"；此外由于其创始人和总裁的背景，华为被认定公司有军方背景，怀疑公司获得军方的科技支持，而这些问题都是阻碍华为成为一家国际型企业的障碍。这些问题也是中国企业在国际化过程中面临的一个重要问题，如何让自己的文化真正融入世界，让世界认可自己，是摆在中国的国际化企业面前的一个重要问题。

华为一直努力在商言商，并不断改变组织结构，对外投资合作建立研发和设计中心，并且从当地以及世界知名企业聘请大量高管。这样不仅仅可以获得国际上更多的认同，而且可以有效地利用外部智力和研发资源，锻炼培养自己的国际化人才队伍，这也是跨国性企业获得成功的关键所在。

（三）建立利益链条打造统一战线

面对障碍，除了尽量打造自己的品牌形象、

公司透明化外，也要建立利益共同体，打造自己的利益链条，以便协调好与下游客户的利益关系，一旦自身遭到打压，其客户在自身利益的面前也会主动向政府施压，从而可以有效地缓解自己的压力。

华为显然已经意识到了这一点，并且在这方面不断努力。华为大量购买西方生产的设备，用于其在世界各国修建的电信系统中。例如IBM自1997年来一直与华为密切合作，购买华为的设备；波士顿咨询集团、普华永道、美世咨询公司与合益集团等也在华为发展的不同阶段与之合作。

"没有永远的敌人，只有永远的利益"，争取更多的盟友，打造利益链条，并且提升自己的能力，以确保自己在整个利益链条中的不可取代的核心地位，这样就可以在很大程度上避免自己孤身奋战。

（四）提高社会责任感

一个真正有影响力的企业除了追逐经济利益之外，也要衡量自己对社会所做的贡献，这是一个公司的社会形象问题，也是对方政府是否会欢迎一个外国企业的很重要的因素。社会责任感是一个合格的国际性企业应该具有的品质，在不同国家、不同文化背景下，企业面临很多差异化的东西，但是在社会责任上都是共同的。

华为、中兴公司在美国市场给美国上下游企业带来的利益，给美国带来的就业机会，科技对社会进步的推动，带给美国消费者更多的物美价廉的产品，改善了他们的生活……相信面对一个真正可以改善社会福利的企业，对于任何一国的政府都是很难去拒绝的。

华为、中兴在美国的孤立无援除了美国表面的政治因素和实际的经济原因之外，也存在更深层次的问题，那就是中国企业的整体协作问题。由于中国企业在国际供应链中长期扮演一种加工的角色，远没有达到（下转第126页）

海尔集团全球化发展战略浅析

刘若卿

（对外经济贸易大学国际经贸学院，北京 100029）

一、海尔集团全球化发展历程

海尔集团在其近三十年的发展历程中，从一家资不抵债的青岛小冰箱厂，一路发展成为现如今的全球白电产业第一品牌。在世界知名调查机构——欧睿国际（Euromonitor）发布的 2013 年全球大型家用电器调查中显示，海尔集团 2013 年品牌零售量第五次蝉联全球第一。

发展至今，海尔集团旗下共有 240 余家法人单位，海尔的本土化设计中心、制造基地、贸易公司更是扎根于全球 30 余个国家。海尔在制造业的基础上，同步发展科技、贸易、金融、工业等其他支柱产业，发展成为全球营业额逾 1000 亿元的大型跨国企业集团。

2014 年 1 月 16 日，海尔公布了最新业绩[1]：2013 年，海尔的全球营业收入高达 1803 亿元，其利润总额也首次突破了百亿大关，达 108 亿，同比增长 20%。与此同时，海尔的利润增幅已经连续七年保持着两倍于收入的增幅。2013 年 12 月，根据路透社（全球四大通讯社之一），的消息称[2]，海尔集团 2013 年品牌零售量占全球市场的 9.7%，第五次蝉联全球第一。按制造商排名，海尔大型家用电器 2013 年零售量占全球 11.6% 的份额，首次跃居全球第一。同时，在冰箱、洗衣机、冷柜、酒柜分产品线市场，海尔全球市场占有率继续保持第一。

海尔能够发展成为今日全球白色家电领导品牌，全球家电知名制造商，得益于海尔顺应时代发展，不断调整、修改其发展战略。海尔近 30 年的发展中，经历大致三个战略阶段：名牌战略、国际化战略、全球化品牌战略。

（一）名牌战略阶段

海尔由负债小厂迅速发展建立起自己的品牌，在国内外快速发展，离不开其领导人张瑞敏制定的"品牌战略"的贡献，这也是海尔战略转型升级的开始。1985 年，张瑞敏借"砸冰箱"事件[3]打出了海尔的品牌第一枪。这样破釜沉舟的举动，不仅仅为海尔赢得了美誉，更是引发了中国企业在产品制造上对于质量的高追求，反映了中国企业产品质量意识的觉醒，以此提高了中国企业的质量意识，对其发展产生了深远影响。随着海尔的产品质量大幅度提升，海尔冰箱在接下来的几年中逐步占领了北京、沈阳等城市的市场份额，并迅速扩展至全国，更是在 1987 年由世界卫生组织举办的招标中战胜了其余十几个国家的产品，成为国内首个在

---

① 来自青岛政务网 http://www.qingdao.gov.cn/n172/n1530/n32936/30251461.html

② 数据排名来源于拥有 41 年历史的英国老牌调查机构——欧睿国际（Euromonitor）于 2013 年进行的全球大型家用电器调查结果。

③ 1985 年，青岛电冰箱总厂生产的瑞雪牌电冰箱（海尔的前身），在一次质量检查时，库存不多的电冰箱中有 76 台不合格，按照当时的销售行情，这些电冰箱稍加维修便可出售。但是，厂长张瑞敏当即决定，在全厂职工面前，将 76 台电冰箱全部砸毁。

国际招标中胜出的企业，海尔一路以来的快速发展，也吸引着社会各方的注目。

（二）国际化战略阶段

中国加入 WTO 之后，中央政府号召国内企业走出去，海尔积极响应号召，并不忘持续创新，结合国际市场，根据自身优势推行了"市场链"的管理方式，并设定了"三步走"战略[①]。海尔认为，走出去不仅仅为了创汇，更应该打出中国自己的优秀品牌。因此，海尔挑战"先难后易"，第一步就选择了在美国建厂，将海尔这一品牌推向发达市场。随后再迅速进入其他发展中国家，逐步在海外市场上推行集合设计、生产、销售的"三位一体"的本土化模式。从 1997 年时海尔在莱茵河畔崭露头角开始，五星红旗随着海尔工厂在美国南卡罗来纳州定居飘扬到了海外。海尔也于次年正式开始集团第四阶段战略——国际化战略。美国海尔、中东海尔、欧洲海尔……海尔的营销网络拓展至多国市场。从电冰箱起步，海尔一路重视技术开发与引进，同时不忘提高管理水平，实现精细化管理，结合以雄厚的资本实力运营，海尔已在美洲、欧洲、东南亚等多地设厂，并进一步实现成套的家电技术向世界发达国家出口的历史性突破。

（三）全球化品牌战略阶段

互联网时代的全面来临促使了经济的全球一体化，海尔集团也自然而然由国际化转向全球化。海尔的国际化强调走出去，以企业本身资源来创造国际名牌，到了下一步的全球化，则转为合理利用全球资源，创造本土化品牌。在这一阶段，海尔集团整合了全球资源，从研发到制造，最后到营销，都立足于全球，以全球化视野创全球化海尔。也正是在这 6 年中，

海尔握住了时代的机遇，从大规模制造转化为注重客户个性化需求的满足，创造客户满意的使用体验，向全球客户提供可以引领潮流时尚的白电体验。海尔在这条满足用户需求，打造用户个性化的道路上越走越远。海尔在原有的 9 个研发中心的基础上，整合了全球力量，新建了 5 个平台式的研发中心，从单纯依靠研发人员转为整合共享资源来提升研发能力。此外，作为海尔全球化发展的一个重要组成部分，海尔集团于 2001 年收购了三洋白电。这场收购对于海尔来说，可谓意义非凡。在保持全球白电第一的领导地位的同时，海尔于此阶段提出"人单合一"[②]的商业管理模式。

二、海尔在全球的区域化发展

（一）美国海尔

1999 年 4 月[③]，海尔集团在美国南卡罗来纳州建立了占地 700 亩的美国海尔工业园，与洛杉矶的设计中心、纽约的营销中心一起，第一个海外"三位一体"的本土化海尔成立了。2002 年 3 月 5 日，海尔买下了地处纽约曼哈顿中城的格林尼治银行大厦为北美海尔的总部。

海尔认真分析了美国消费者有别于中国消费者的使用习惯，创新性地推出更符合当地消费者口味的产品，坚持出口创牌而不是单纯的出口创汇，打造美国的海尔、全球的海尔。目前，海尔的各项产品都已入驻美国各大连锁集团，并荣获"免检供货商资格"、"最佳供货商"等多项荣誉。2004 年 7 月 1 日，海尔更是在纽约与美国"目标"连锁店的合作中创下了在 7 小时之内售出 7000 台海尔空调的惊人的记录[④]。

相比单纯的高效益，海尔同样重视可持续

---

① "三步走"战略，即为"走出去、走进去、走上去"。

② 全称"人单合一双赢模式"，"人"即为员工，"单"即是市场目标，并不仅是狭义的订单，而是广义的用户需求。"人单合一"即让员工与用户融为一体。

③ 来自中国行业研究网 http://www.chinairn.com/doc/70320/74135.html

④ 此次活动引起美国著名家电零售周刊《HFN》的关注，该周刊于 7 月 5 日用整版大篇幅深入报道了此次空调造势活动。

发展、绿色环保的新战略。海尔推广节能型的家用电器，倡导绿色生活方式，并且通过赞助美国国家公园保护联盟来号召人们保护环境。

（二）欧洲海尔

作为家电业的发祥地，欧洲市场充斥着诸多世界顶级的家电品牌，事实上，最初海尔的冰箱技术就来源于德国。从海尔进军国际市场开始，欧洲市场就在海尔的计划单上占据重要位置。从1990年至今，海尔依靠高标准高质量的家电产品、满足客户个性化需求的创意设计，迅速建立起品牌知名度，通过"三融一创"[①]，攻占了欧洲市场份额。

海尔在欧洲的成功并非偶然，而是海尔人努力付出的结果。海尔并购意大利的迈尼盖蒂冰箱工厂被视为海尔进入欧洲市场的第一步，随后，海尔在波兰开展的"大篷车"活动，在德国赢得科隆与亚琛两市市政府的招标订单，在意大利的维琴察城进行欧洲新产品上市的新闻发布会，在法国巴黎展上展示具当地特色的品牌形象等。目前，海尔在欧洲的两大设计中心分别位于荷兰的阿姆斯特丹与法国的里昂，海尔的中外员工们在此设计出独具特色且质优高效的产品，送往海尔意大利工厂批量生产，最后在位于米兰的销售中心面向广大的欧洲消费者。

（三）亚洲海尔

2007年1月1日，海尔在成功并购一家印度本土冰箱厂之后，迅速建立了海尔印度工厂。以生产冰箱、空调等白电产品为主的同时，迅速扩展至手机、电视等黑电产品市场。海尔印度工厂的破土建立不仅标志着海尔为实现本土化格局而推行的三位一体战略在印度取得卓越成果，更为其创造出本土化的世界知名品牌奠定了基础。

相比印度，海尔早在1999年就进入巴基斯

坦市场。发展至今，作为当地第二名的家电品牌的海尔，其产品已获得巴基斯坦人民的认可，冰箱、洗衣机、空调等产品销量领先。2006年，由商务部特批，由胡锦涛主席亲自揭牌的"海尔–鲁巴经济区"成立，作为首个境外经贸合作区，海尔在巴的快速发展不但将海尔创造客户需求的企业文化推广至全境，更是吸引了国内其他企业进入经济区共同发展。海尔立足于巴基斯坦，拓展周边市场，进军南亚各国。

在东盟，海尔在越南、泰国、印度尼西亚等地均设有海尔工厂，组成海尔东盟制造基地。同时，凭借过硬的产品品质和一代代海尔人坚持不懈的创业创新，海尔已经打入了号称世界家电王国的韩国、日本市场，海尔的销售机构在东盟各国都有分支，海尔的各种产品也被本土消费者所喜爱。2011年，海尔正式收购日本三洋电机株式会社的白色家电部门，自此形成了在东南亚及日本的两大研发中心、四大制造基地及六个区域的本土化营销网络。

（四）中东非海尔

从海尔冰箱1993年登陆中东非开始，海尔强大的国际化能力在中东非多国得以体现，依靠着2个贸易公司、3个制造基地的支持，海尔的产品在尼日利亚、阿联酋、南非等多个地区和国家占领市场份额，海尔推出的"热带空调"等专为中东非消费者设计生产的产品得到当地人民的认可与好评。

2001年5月，海尔在尼日利亚合资成立了第一家工厂，伴随着成套完整的海尔家电生产工艺在工业园区的推广，海尔在短短5年内便成为尼日利亚排名第一的家电品牌。中东非地区的首个海尔工业园区建立在约旦，海尔利用周边阿拉伯国家与约旦的互免关税协议，迅速打入约旦周边的其他阿拉伯国家，自此，该工业园成为海尔在中东非地区运作的核心枢纽。

[①] 即融资、融智、融文化，创世界名牌。

日前，海尔为拓展中东非业务，在持续策划着与包括埃及、伊朗在内的多国企业用户合作建厂的事项。

三、海尔集团全球化发展问题

在海尔三十年的发展历程中，也出现了各种不同的挫折与磨难，企业要盈利，就需要走在别的企业之前，敢于创业创新，摸着石头过河，摔倒是不可避免的，下面总结一下海尔在全球化进程中所遇到的较为重大的问题。

（一）全球化途径选择问题

海尔的全球化道路在今天看来是极为成功的，无论是海尔这个品牌在全球知名度，还是海尔产品全球领先的销售记录，都配得上海尔全球白色家电第一品牌的名头。

然而，在海尔最初决心走出国门，攻占海外市场时，海尔领导人张瑞敏所坚持的"先难后易"的全球化途径着实引起了各界的关注与争议。通常意义上，我们认为企业在进行国际化道路的初期，先选择竞争者稀少、产品质量检测要求低、相对容易进入的发展中国家市场，再慢慢发展至竞争激烈且有较高质量要求的发达国家市场。在这样的前提下，海尔不顾劝阻的一意孤行，不以低价占领市场，而是坚持优价优质，率先将产品出口至美国、欧洲这些较难进入的发达国家市场。虽然海尔坚持认为，这样的做法能很好地增强海尔的家电产品的市场竞争力、品牌知名度，以此真正进入国际市场，但毕竟海尔选择了一条企业很少走的道路，将重重困难树立在最初，仍是具有超前意识的做法。

（二）用户掌握主动权的需求模式转变问题

网络化时代对全球家电市场的最大影响就是发生了用户的网络化。信息技术的快速发展，个性化的用户主导企业模式的兴起，引领企业组织进行颠覆。传统时代推行大规模制造，到互联网时代，企业更注重大规模定制。

在传统的经济形势中，用户只能在企业预设好的有限产品中进行选择，企业作为交易中的主导方，引导着客户需求。然而现在这样网络化社会中，全球用户成为了信息不对称的受益方，每位个体用户的需求多种多样，企业规模以及产品范围不再是企业成功的关键，企业想要在激烈的竞争中生存甚至脱颖而出，必须时刻追随不同需求的客户，要能跟上客户点击鼠标的快速节奏。

（三）互联网时代的资源利用问题

企业是否能够以优于旁人的速度将全球资源进行汇集并整合利用以满足个性化的用户需求，也就是抛弃传统模式，创建全球化的平台式生态圈，是企业在互联网时代得以持续发展的基础。海尔向来顺应时代转变，在网络化时代，海尔的平台式发展又应当如何进行下去。

互联网时代的全面来临促使海尔进入了其发展的第五个阶段：互联网战略时代。海尔的每一步发展，都是时代的选择，虽然海尔第四阶段的全球化战略于2012年初步完成，全球化依然是海尔逃不开的必然选择，而网络化最显著的特征就是为全球资源、全球资金、全球人才的交换交流提供了平台，所谓平台，就是能够以超快速聚集各项资源的经济生态。海尔在现如今的互联网战略时代，应该探寻的关键点，就是如何实现网络化的全球式发展。

四、海尔集团全球化发展对策

在这个全球竞争社会中，不进则退，在原地停滞不前实际上就是退步。海尔对于自己的全球化发展有着明确的目标和愿景，在锁定大方向的前提下，一批批坚持探索、勇于创新的海尔人在实践中带领海尔一路前行。

（一）"先难后易"与"先易后难"结合创全球海尔品牌

事实证明，海尔并非固执己见地坚持特立独行，而是在不同层面上做出最适合海尔进行全球化扩张的不同方法。

首先，在最直观的目标市场的选择问题上，海尔确切无疑坚持"先难后易"。通过将海尔的产品推向全球最挑剔、苛刻的市场，海尔在极短时间内迅速提升了自己，不论是在产品质量方面，还是在售后服务领域。海尔的这项决策在现在被认为是海尔全球战略坚实稳定的第一步。

其次，海尔并非盲目地一味追求困难，而是有选择、有意识地规划其全球途径。在产品战略、经营方式上，海尔奉行"先有市场再建工厂"，从出口产品到当地市场开始，海尔一直在寻求足以负担其在海外建厂的出口盈亏平衡点。将海尔最具竞争力的冰箱出口到德国、美国，强势打开市场后再跟进其他产品。而在投资方式上，海尔也慎重考虑了直接投资的多方面风险，选择先与国外本土企业合资成立贸易公司，待逐步了解本土市场、掌握当地消费者需求，并具备了丰富的海外管理经验之后，再成立本土化的海尔。

海尔的成功得益于其成功的全球化途径，也得益于海尔人不怕困难、无畏挑战的企业精神，可以说，海尔的成功是其顺应时代潮流发展的必然结果。

（二）以互联网思维推动制造业发展

为解决用户需求模式的转变问题，海尔也积极做出了相应变化。海尔转变思路，结合互联网思维，按全球客户需求来进行设计、制造以及配送的完整体系下探索前进着。

2013年12月，海尔与阿里巴巴集团达成协议，后者向海尔投资28亿元港币，这一举措标志着海尔转换思维，以互联网思维来做制造业。相比单纯利用电商渠道进行产品网络销售，海尔的互联网思维贯穿产品诞生的始终，海尔结合外部资源，邀请消费者、品牌商在互联网技术的支持下全程参与产品生产。此外，海尔提出了未来的制造商应当是利用产品寻找客户，通过与客户的互动了解其需求，从而确定新产品的开发，形成良性循环。

（三）整合利用全球资源创海尔平台式发展

家电行业是一个充分竞争的市场，而海尔知道，在充分利用企业内部资源的基础上，如何合理整合全社会乃至全球资源加以善用，这才是一个企业在现今网络化的全球经济下得以持久生存并保持蓬勃生机的关键。

海尔探索成立全球化平台式生态圈，将其在世界各地的员工划分为在线员工与在册员工两类，实行资源按单聚散式的开放式管理。曾经接受领导指令的员工，如今成为全球资源接口人。2013年，尽管新建了三个工业园、兼并了两家外国企业，海尔的全球在册员工的数量减少了一万多人。在海尔提供的开放的生态圈中，企业内外部的边缘弱化，可以想见，未来海尔登记在册的员工只会逐步减少，与之相应的，海尔所掌控利用的在线全球资源将数倍增长，正如自然生态圈。

海尔凭借不断的变革与创新在竞争中保持不败地位。2007年到2012年间，海尔的利润复合增长率平均达35%，这六年时间中，增长率最低的年份也要高于20%，甚至一度攀升至70%的水平。

互联网时代，外界广泛不看好制造业的发展前景，张瑞敏却认为，现在才是制造业最好的时代。海尔的目标就是在不远的未来将家用电器都升级成为"交互网电器"。海尔推行互联网转型，实行全球化"生态圈"式的全新商业模式，它的"互联网思维"，即在"网络化"和"零距离"的现代社会中实现企业的"平台化"管理，真正转变为"开放的商业生态圈"。这也正是在海尔未来的全球化发展中所需坚持的目标。

我们有理由相信，海尔凭借其出色的战略定位和超前的眼光，在未来的制造业行业仍会占据行业领先地位并且逐步扩大其海外市场范围，实现更好的发展。⑤

浅谈项目成本管理

刘 正 国

（中国建筑第五工程局，长沙 410004）

一、加强成本预测，做好中标分析，细化商务策划，确定项目责任成本目标

（一）熟悉合同条款，强化商务运作，寻找项目盈利点

施工单位接到工程中标通知后，首先应对项目合同条款、营销质量、施工难易程度、成本盈亏情况、商务运作点、资金支付条件等进行全面了解，层层剖析，从现场临建、生产工期、商务成本、资金安排等方面，有效组装资源，做好现场策划、生产策划、成本策划、资金策划，并以此作为项目施工生产过程管理的指导大纲。

（二）加强预算管理，细化商务策划

由于存在压标压价，各个中标工程降价幅度不同，也就是"肥瘦"各异。施工单位为了统一考核标准，使不同的工程成本考核处于同一起跑线上，对于中标工程，就有必要进行中标价格的分析。同样，对于同一项目工程，也存在"肥瘦"不同，有些分部分项工程价格较高，有利可图；有些分部分项工程价格较低，无利可图甚至亏损。因此，项目上要按照价本分离的原则，编制内部预算，制定出工程项目的总责任成本和工程项目的各分部分项责任成本，并由此推测工程项目利润。

（三）分解项目目标责任成本

在确定了总的目标责任成本之后，施工单位必须与工程项目部签订项目目标责任状，明确各项经济责任指标及奖惩措施。与此同时，项目部也必须把项目成本责任指标进行分解。根据项目责任成本计划，按工程成本内容、项目部位、工种情况，对责任成本的各项指标分解到组到人，实行层层责任传递，确保责任成本的归口管理和目标实现。

二、加强成本动态管理，落实项目责任成本目标

加强成本控制和过程管理，细分工程成本项目，对构成成本项目的各个组成部分进行分析和控制。特别是工程的材料费用、劳务费用和分包工程以及资金的管理进行重点审核和控制，严格执行项目责任成本标准，使项目成本的责任管理落到实处。建立项目劳务分包、材料招标管理体系，加强过程控制，实行动态成本管理，努力降低成本，确保责任成本的目标实现。

（一）加强项目材料管理

（1）材料采购管理。采购材料应根据生产策划的安排，由生产使用部门提出计划，按照生产策划和成本策划要求，经工程现场负责人批准授权后，报材料物资部门采购。采购材料必须具备材质出厂检验单。法人单位须制定材料集中采购管理办法，对超过一定额度的及大宗材料的采购，须由法人单位组织集中采购

招标，通过公开透明的规模集中采购，降低采购单价，并获得资金支付优惠条款。零星小额材料的采购也要实行货比三家，优质优价。材料采购人员必须熟悉市场，要随时了解市场价格信息动态，为企业节约成本。材料的采购合同须经过材料、合约、财务、生产部门共同评审，从不同层面进行把关，从而防止材料采购价格虚高，达到节约材料成本的目的。

（2）材料验收入库管理。材料的验收入库必须设专人专岗。验收材料时必须手续齐全，计数准确，及时填写验收入库单和登记材料账薄。入库单要求连续编号；入库单的内容要有材料的名称、产地、规格、数量、计量单位以及采购人员和验收人员的签名；入库单的格式要求采取一式三联单复写式；一联交财务人员登帐和核算成本，一联由仓库留底和登记材料台账，一联交材料采购人员备查核对。

（3）材料出库管理。材料的发出也必须填写出库单，注明材料的名称、产值、规格、型号、数量、用途、领料部门、领料日期、领料人和仓库发料人。出库单的格式也必须是一式三联单式，号码必须连续，其作用与入库单一样。材料的领用必须由规定的工种负责人和项目负责人审批。对于现场即进即用的材料，材料部门也必须按照材料管理制度的要求，办理现场手续，保证材料账目记录的真实合法性，对于项目调拨给劳务队伍的材料，必须根据生产需要，按照严格的审批流程办理出库，并及时将劳务队的出库领料单交项目合约、财务部门入账，在办理分包结算和付款时予以扣除。

（4）材料用量管理。项目上必须加强材料的用量管理控制，严格按照工程的施工图预算、成本策划和责任成本目标控制材料用量，如有差异，要及时查明原因，进行分析纠偏。财务部门、材料部门要加强与生产部门、商务合约部门的联系与合作，了解工程的形象进度

和预算用量的计划情况，比照材料的实际使用情况进行材料用量分析和成本控制。从材料的数量、价格以及工地的实际使用情况是否浪费甚至于施工图预算、责任成本的确立是否科学合理等方面查找原因，实行过程控制和动态管理，从而达到节约材料成本，保证责任成本的顺利实施和目标的顺利实现。

（5）材料清查盘存管理。为了及时准确地反映材料成本，了解工程材料的使用情况，防止偷盗浪费和材料采购、领用过程中的虚假问题，项目部门必须每月定期对材料进行盘底清查。对出现的各种情况查明原因，追究责任，及时处理，做到账实相符。

（二）加强项目机械台班作业管理

机械台班使用费是构成项目成本的重要部分，特别是基础设施项目，其机械化程度较高，要求的机械设备也多，机械台班使用费也高。为此，项目必须加强机械费用的管理控制，按照生产策划和成本策划的要求，组织安排机械设备，制定合理的机械台班作业管理制度，做到不误工、不窝工。对机械台班的管理，要分派专人专责管理，设置机械台班账目，以提高机械的使用效率，对于租用的机械设备，要尽量安排其满负荷运转，提高机械使用率，一旦施工不再需要，就要及时办理退租，避免机械闲置造成浪费。对于自有的机械设备，可以实行包干到人，定额管理，将各种机械费用和机械的保管使用责任分解到人，从而提高机械的使用效率和机械的完好率。

（三）加强项目劳务分包和零星用工管理

（1）劳务分包的管理。目前国内劳动力价格越来越高，成熟诚信的劳务分供商也越来越难以找到，一个工程的成败很大程度上取决于所选择的劳务队伍，可以说"成也劳务，败也劳务"。所以对于劳务分供商的选择，一方面要严格审查其资质资格、实力诚信，寻找符合需要、为我所用的劳务队伍；另一方面，也

要求施工单位要注重培育优质可靠的劳务资源，作为长期合作伙伴。在涉及到具体工程项目，需要进行劳务分包时，应依据主合同条款和项目成本策划大纲，制定项目分项工程劳务招标条件，通过公开公平的招标，选择优质优价的劳务分供商。对超过一定额度的劳务分包，其招标办法和招标工作，应由法人单位的商务合约部门、生产部门、财务部门和项目经理部组成招标小组，组织招标工作。同时要充分利用市场经济条件，转嫁经营风险，用业主对待施工单位的一系列条款办法来对待分包队伍。包括合同的签订、预付款和工程款的拨付、保函质保金的扣留等。法人单位应制定规范统一的劳务分供商招标办法、合同文本、计量结算管理制度、工程款支付程序；总之，对分包工程的管理，一是要选好队伍；二是要签好合同，特别是分包工程量和分包工程价格的确定以及分包工程的结算方式和其他需要注意的条款；三是要加强监督检查，对工程的进度、质量以及工程计量结算、款项支付方面进行严格的监督和控制；对超过一定额度的分包结算，应报法人层面的商务合约部门审核办理。与此同时项目财务也要建立分包辅助台账，对分包单位、合同金额、工程量结算以及工程款的支付情况进行及时记录，加强账目核对和成本控制。

（2）劳务用工的管理。劳务用工的管理主要是加强劳务用工的使用和签发的管理。劳务计日、计时用工必须根据工程的需要，由生产部门提出用工理由和申请报告，详细列出工程量的内容和劳务工日、劳务价格和结算方式，经合约部门审核，报项目经理批准后才予执行。并报财务部门登帐核算，用以控制成本。

（四）加强项目现场经费管理

项目现场经费包括项目部开支的间接费用及财务费用。对于项目部开支的现场费用，应根据工程项目的大小、管理程度的难易、项目人员、车辆等情况，按费用项目编制开支计划，逐一核定指标，实行总额控制或百元收入现场费率控制；对差旅费用、业务招待费用、通讯费用等重点费用制定定额标准，实行重点控制；对各项费用按管理部门和费用性质核定计划，落实责任部门和责任人，实行责任控制；对特殊性开支和较大数额的费用开支，应报法人代表审批；同时所有的费用开支都必须进入项目成本策划，编制费用预算才予报账。只有通过上述各种措施的相互配合，才能达到降低费用的目的，保证责任成本的实现。

（五）加强项目现场经营和项目履约管理

项目现场必须做好现场变更、签证工作，发挥二次经营作用。任何工程在实际施工中，都会遇到设计变更、工程量增减、合同差异等方面的问题。项目管理人员要充分利用合同条款，加强现场施工管理。在上述事件发生时，及时与现场监理办好签证手续，取得变更、索赔收入。项目管理人员应树立商务意识，搞好与业主、现场监理的关系，为企业求得好的施工环境。要站在业主的角度，通过深化设计等合理化方法，使项目在投标报价时采取不均衡报价的部分分项工程，进行增项和甩项，来实现增加盈利点，减除亏损点。干好工程，严格履约，是项目进行商务运作、创造项目效益、实现资金快速回流的前提条件，项目只有加强工程进度、质量管理，严格项目履约，打造精品工程，才能获得业主的肯定，才能获取业主的补偿以及工程赶工奖、优质奖，才能实现项目的好效益，也才能通过现场带动市场，为企业争得新的工程，实现干一个工程、树一块丰碑、交一批朋友、赢一片市场的目的。

（六）加强项目资金管理

由于市场的竞争以及建筑行业的不规范，现阶段工程中标条件越来越苛刻，资金条件较好的施工项目越来越难找到，大部分工程项目资金条件都不是太好。主要表现在工程标价较低；各种保函、质保金的抵押；竣工移交和完工结算的滞后，以及对工程款项的拖欠等，造成了施工企业的资金紧张，应收账款高居。为了缓解资金紧张，解决应收应付双高的局面，施工单位一是要从营销源头抓起，对合同单价低、资金付款条件差的项目，要大胆舍弃，要力求承接含金量较高的工程项目，坚决摒弃为规模而规模的项目。二是要做好资金策划，加强预算管理，严格以收定支，加强对现金负流项目、风险项目的过程管控。对分供商的资金支付，要在合同中明确不得高于主合同条款，在过程中严格控制支付。三是加快计量结算，创造收款条件，加强催收清欠，着力降低应收账款。四是开好项目资金分析会，确定考核指标，加大奖罚兑现，严格资金有偿使用，推行项目超额现金流计息进入项目成本，直接与项目效益指标捆绑，明确项目经理是工程款回收的第一责任人，项目承包奖的兑现和工程款的回收挂钩，以利益驱动促进项目收款，加强资金计划使用。

三、加强成本检查考核，巩固项目责任成本目标

（一）加强施工过程的成本检查

施工中期成本的检查主要是对材料消耗、分包工程结算、待摊、预提费用以及资金和往来款项情况的检查。

材料消耗情况的检查。主要检查采购是否有计划，是否执行集中采购，防止业务人员盲目购入材料造成积压；检查出入库手续是否齐全、库存与实务是否一致，防止领用手续不严，造成库存材料账目虚存实无或偷盗、贪腐、浪费情况发生；检查赊欠材料是否及时入账，防止因资金紧张，大量赊欠材料，不办入库手续而直接送工地使用，造成材料成本虚低实高。

分包工程情况的检查。重点检查分包工程结算的价格是否合理，计量是否真实，资金支付是否得当，分包结算成本是否入账反映。因为分包工程的结算价格就是分包工程的实际成本，因此，要检查分包工程的结算手续是否齐全，计量是否准确，价格是否合理，是否按分包合同条款执行，是否符合施工图预算内容和成本策划要求，有无没有招标、没有合同评审、故意拆分工程量、逃避一定额度需经法人单位审批的违规情况和非正常的事例发生，有无多计量、多付款的情况，对多计多付情况要查明原因，检查各种代交代付、应摊费用或调拨材料是否入账；同时还要检查有无资金紧张不及时办理分包工程结算，对已完的分包工程不进行账务处理的情况，而在与业主进行工程结算时却全部办理了工程结算，致使收入与成本核算口径不一，造成少入成本虚增利润的情况出现。

各种往来账务和现金情况的检查。由于市场机制的不规范和资金情况的紧张，在工程款结算、材料购买、机械修理和内部结算等经济行为发生时都有不同程度的拖欠情况。检查时要着重注意到有无白条顶替库存现金，有无借支不报账，有无赊欠不入账，防止成本开支的不及时入账而在往来账目中蕴藏危机。

检查列示在存货下的已完工未结算和预提、待摊费用情况。重点检查项目上有无利用已完工未结算和预提、待摊费用，人为调节成本，以保证项目成本的真实可信。对存货和在建工程的检查，要求提交工程盘底清单，以核实其真实性；预提、待摊费用的检查主要审查其提取的依据和数据，是否符合会计制度的规定。

（二）加强完工项目成本的考核兑现

工程项目完工后，应对项目责任成本执行情况进行考核，全面检查审核项目责任成本完成情况，审核项目收入、成本、利润、责任指标上交、工程款回收、项目资金流、债权债务

清理、有无负债和遗留问题等，防止账目不清、责任不清、遗留问题不清的情况发生以及潜亏的存在，使项目责任成本管理流于形式。因此，必须落实项目成本责任考核，做到完工一个、清理一个、考核一个、奖惩兑现一个。对项目进行考核时，要抓住重点，着重考核工程的价款收入、分包成本、各种材料的库存账目情况以及债权债务情况。

（1）工程项目收入情况的考核：项目完工后，要积极准备资料，加强商务运作，及时组织办理与业主的结算。进行完工项目内部审计时，要以业主签证认可的工程价款结算单为准，没有业主签证的单据，不得作为收入入账。报表列示在存货项下的已完工未结算，是已发生未得到业主确认的成本，在工程项目完工后，工程施工应与工程结算对冲，不得留有余额，预收和应收账款科目，必须与业主核对一致，防止在预收、应收工程账款和工程施工中隐藏问题。

（2）分包工程情况的考核：项目完工后，应限期办理分包结算，锁定分包成本，防止久拖不结，人为扩大成本。要按分包合同进行逐一清算，审查各分包合同的完成额及已付款、欠付款情况，如发现超合同付款情况必须查明原因，落实责任。对欠付款也要制订还款计划，落实还款来源，原则上由项目经理负责清还，防止债务诉讼危机发生。

（3）各种材料的库存账目情况进行考核：项目上的材料，要求做到工完料清，没有库存。对没有用完的材料，由项目部报法人单位作价处理，损益列入项目成本考核。无法处理的材料也要由项目成本承担，不得以账目进行移交。目的是为了防止滥购质次、价高的材料或多购材料转嫁于其他项目负担。

（4）对债权债务进行清理考核：对债权债务的清理，主要是摸清家底，防控风险，对业主确认计量形成的应收账款债权，以及交纳的履约保证金，若按合同已经到期，则应责成人员进行清理回收，防止坏账损失发生。对内部单位和人员的借款，在工程项目完工后必须清理并扣回。对分供商的应付款项，也要落实责任人员，有计划地安排资金支付，防止因小积大，产生债务危机。对债权债务和往来款项进行考核的目的，是为了防止收入的多列或少列、成本的多列或少列，避免在债权债务账目中掩盖问题。

总之，只有采取切实可行的成本管理措施，按照法人管项目的要求，加强成本策划，制定合理的目标责任成本，落实成本方圆图，实行动态成本管理，坚持过程检查考核，严格责任兑现，才能节约成本，提高效益，保证项目责任成本目标的顺利实现。

（上接第12页）情况进行动态调整。比如，将对员工的绩效考核与其持股数量挂钩。绩效差的员工，持股数量会降下来。这些方法，各有利弊。

（3）"突出重点"，是指应该适度拉开公司高管、骨干员工与一般员工之间的持股比例差距。20世纪90年代末、本世纪初，国有企业改制提倡的"允许经营者持大股，鼓励业务和技术骨干多持股"，体现的就是这种改革思路。在具体操作层面，公司管理层和一般员工持股数量有多大比例差异，是因企制宜的。有的地方在出台的员工持股政策中规定，像董事长、总经理等公司领导人的持股额应为职工平均持股额的5倍以上的水平。从政策制定者的角度看，可考虑对国有企业的员工持股与高管层持股比例之间的关系作一个区间范围上的规定。

公用事业特许经营产品或服务价格形成机制探讨

丘佳梅

（中国建筑股份有限公司基础设施事业部，北京 100044）

一、引言

十八届三中全会提出，"完善主要由市场决定价格的机制。凡是能由市场形成价格的都交给市场，政府不进行不当干预。推进水、石油、天然气、电力、交通、电信等领域价格改革，放开竞争性环节价格。政府定价范围主要限定在重要公用事业、公益性服务、网络型自然垄断环节，提高透明度，接受社会监督。"[1]

公用事业特许经营是指政府按照有关法律、法规的规定，通过市场竞争机制选择公用事业投资者或经营者，明确其在一定期限和范围内经营某项公用事业产品或提供某项服务的制度[2]。其实质在于政府通过引进市场竞争机制，以改善公用事业的投融资环境与经营管理效率。

公用事业行业具有自然垄断性，它提供的产品或服务具有公共物品特性。如何在公用事业行业，既保护消费者利益，又鼓励经营者投资，实现生产者的财务平衡，就构成了政府管制的两难选择，管制的核心是公用事业特许经营中产品或服务的定价。政府如果按照边际成本定价，其价格等于或低于总平均成本，企业没有盈利或亏损；如果价格高于总平均成本，企业虽然有盈利，但是消费者剩余减少，减少的消费者剩余一部分转化为生产者剩余，一部分成为社会福利净损失。本文试图通过分离市场分别定价，建立政府管制下公用事业特许经营产品或服务供给价和消费价的形成机制。

二、公用事业产品或服务的价格形成问题分析

（一）国内外公用事业产品或服务价格管制的现有模式

当前，国际上存在两种最具典型意义的、有较大差别的依据成本定价的管制模式，主要有美国的投资回报率（Rate of Return）价格管制模式和英国采用的最高限价管制模式（RPI-X模式）[3]。美国的投资回报率价格管制方式是将自然垄断产业企业的收益与成本联系起来，在核定成本（生产经营成本、资产折旧成本和税收）的基础上，根据企业应当获得的利润（投资收益），确定产品或服务的价格。英国的RPI-X价格管制模式是根据价格总水平和生产效率的变动幅度确定价格，实质上是在调整价格时，把价格总水平和生产效率的变动幅度相挂钩，使生产效率改善而得到的社会福利在生产者和消费者之间进行分配。

在我国现行的公用事业行业定价实践中，

已经在摸索阶梯电价和水价基础上进行了探索，其他领域基本上还没有采用价格管制模型，政府在制定管制价格时具有相当的主观随意性，主要由独家垄断经营或寡头垄断经营企业，根据特定行业利润制定价格，是以企业的个别成本作为定价依据的。

（二）现有定价模式的分析

按照成本加合理利润的方法制定或调整公用事业产品或服务的价格，虽然比较简便，也可以保证经营者获得一个比较合理的投资回报。由于利润是按照经营者投入的资本进行计算的，经营者也倾向于增加资本投入，使得成本进一步膨胀；更困难的是，在利润率的确定上，也容易出现讨价还价的问题。这种定价方法使得成本增加总是能够通过价格提高转嫁给消费者[4]，因而限制了经营者降低成本和提高效率的动力。

以企业个别成本为依据的定价方式，企业成本越大价格越高，具有类似于"实报实销"的性质[5]，这种价格形成机制，对企业缺乏努力提高生产效率、不断降低成本的刺激。在实践中，表现为不少企业的成本不断上升，不断要求政府提价。由于政府与企业之间对成本信息存在严重的不对称性，政府只能在相当程度上默认企业发生的实际成本，即允许企业提价，导致许多产品或服务价格不断上涨，从而损害了消费者的利益。

三、公用事业产品或服务价格形成的影响因素

公用事业产品或服务的价格形成受到生产经营成本、消费对象、消费水平等因素的影响，归纳起来有以下三类：

（一）生产成本的外部变动性

从影响公用事业行业特许经营产品或服务成本的主要因素来看，同类型特许经营的产品或服务成本可能差别很大。第一，公用事业行业具有很强的地域性。一方面是不同地理位置和不同的地质自然条件决定公用事业行业的建设成本差异很大；另一方面是生产过程中的原材料质量也可能有差异，使生产成本不同。比如自来水厂采用的原水水质可能质量不同，导致净水生产的成本不同。第二，公用事业项目往往需要很大的初始投资，这个初始投资的资金本息怎样进入产品成本将决定成本的不同特性，这些本息可以分配给不同时间段内的消费者来承担，资金本息分配到每个消费者身上的不同方式决定了产品成本的巨大差异，如资产折旧年限和折旧方法的选择等。第三，公用事业项目占用的重要资源往往是政府控制的，企业获得这些资源支付的价格是政府通过一定的行政程序确定的，而政府的政策会随时间变化，因此，公用事业行业的产品或服务成本受到政府政策的影响。第四，同类型的公用事业，在初始投资中，政府的投资比重是不同的，对项目的支持力度也不同，对项目的经营者而言，这些差别影响了项目的生产条件。从企业的财务核算来看，同类的公用事业产品或服务的成本可能差别很大。这样即使按公用事业产品或服务的生产成本来定价，类似的公用事业产品或服务的价格对不同的项目、在不同的时间内也会存在很大的差别[6]。

（二）收入分配的协调作用

由于公用事业的产品或服务往往是社会居民的生活必需品，如水、电、燃气、交通等，保证社会成员普遍获得这些产品或服务是政府的基本职能，因此政府在制定管制价格时，必须考虑定价的收入分配作用、社会各阶层收入水平和消费能力，照顾到社会低收入者，调整社会利益分配，实现社会公平。

（三）各方主体的利益平衡

公用事业的产品或服务的价格形成既然受政府的控制，那么不同的社会群体就会对政府施加不同的影响，以满足自己的利益。

消费者一般希望服务价格越低越好，政府补贴越多越好。当只有靠消费者付费来发展有关公用事业时，消费者会希望政府加强对生产者的监督与激励，促使其提高生产效率，降低生产成本。一般来讲，消费者对于任何提高价格的改革都是极力反对的，政府必须在提高价格的同时鼓励生产者确实对质量和供应的数量进行改进，才能弥补这种政治损失。

公用事业产品的生产者存在两种倾向，一方面，他们希望政府能够提供尽可能多的财政补贴和投资，减少经营风险；另一方面，他们希望尽可能多地扩大项目收入，增加市场垄断力量，提高价格。

为公用事业的发展提供贷款和技术支持的金融机构，如世界银行，不仅重视其参与的项目的财务目标，希望项目的风险越小越好，希望生产者能获益，如期回收贷款；也非常重视项目产品或服务定价在优化资源配置方面的作用和对社会各方面的广泛影响。

四、公用事业特许经营产品或服务供给价和消费价形成机制

（一）政府在公用事业特许经营中的作用和地位

公用事业产品或服务的自然垄断性和公共物品特性，决定了公用事业领域存在市场机制失灵现象，这就需要政府对公用事业项目提供的产品或服务的供给和需求进行管制。政府充当了一个中间人的角色，一手连着消费者和纳税人，一手连着生产者。政府的介入，割裂了消费者承受的产品或服务价格与生产企业的成本之间的内在联系，形成了供给市场和消费市场的分离，为供给价和消费价分别定价监管奠定了基础。政府所希望见到的理想的公用事业价格形式是：价格合理，对消费者没有不适当的差别；保证公用事业产品的生产者或服务的提供者有相当的稳定收入，使之运作良好，促进节约和效益，

保护资源环境；方便消费者付费和公用事业公司收费，并使消费者易于理解[7]。政府管制要实现三个目标的平衡，即社会公平目标、企业效率目标和财务目标的协调平衡。政府在公用事业特许经营中的地位和作用见图1。

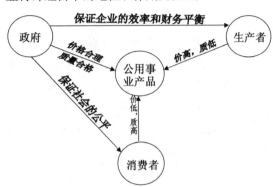

图1 政府在公用事业物许经营中的地位和作用

（二）政府管制下供给价和消费价的产生

在公用事业行业特许经营中，政府这一中间人角色地位的确立，使得消费者承受的产品或服务价格与生产企业的成本之间不再具有直接的联系，买方和卖方市场被人为地分割开了，这就有别于一般的商品生产和消费了。特许经营生产者生产的产品或服务不是直接提供给消费者，而是通过政府来提供给消费者；消费者的付费也不是直接支付给生产者，而是通过政府来支付给生产者。这样公用事业产品或服务的供给和消费被自然地分割为供给和消费两个市场，相应地，价格被分割为供给价和消费价。在公用事业产品或服务供给市场，供给价是由企业在特许经营招投标竞争中形成的；在公用事业产品或服务消费市场，消费价是由政府根据消费者各种综合因素，通过听证会等形式形成的。

（三）政府管制下的价格形成

1. 供给价的形成

公用事业行业实行特许经营，使得公用事业产品或服务的供给价由市场竞争形成，这就彻底改变了其产品或服务的价格形成模式，而不再以成本为依据进行定价，在特许经营投标

阶段，公用事业产品或服务的供给价是由卖方（生产者）提供的，他们比政府更了解公用事业产品或服务的生产成本，这种同行业的生产成本比较就形成了卖方（生产者）之间的竞争。在竞争中只有最低生产成本（在同一质量下，往往生产成本最低的企业，其生产效率最高）的企业才能提供最优报价，从而获得特许经营权。

中标的特许经营企业，在特许经营协议规定的特许期内经营公用事业产品或服务，根据协议约定，控制、承担经营风险；政府按协议规定的支付时间和方式向企业支付产品或服务的费用，并根据协议规定的时间和调价公式，定期举行供给价格调价听证会，合理调整供给价；同时，政府在整个特许经营期限内监督企业的生产运营质量。

供给价在特许经营投标阶段由市场竞争形成，这就免去了管制者（政府）对生产成本的测算，也避免了上述以成本为依据定价的种种弊病。市场竞争的结果使得社会福利损失最少，消费者获得最大福利。生产者报出的供给价是既能使收入弥补成本，又能获得合理利润的价格。

2. 消费价的形成

公用事业的产品与服务是在政府监管下，通过特许经营生产者提供给消费者的。由于供给市场和消费市场的分离，政府在收取公用事业的产品或服务的费用时，也就是确定消费价时，除了考虑特许经营投标阶段生产者的供给价外，主要考虑消费者的承受能力、政府的财政能力、监管成本、同一产品或服务对不同消费者的使用效益、资源的有效利用、社会整体福利水平的提高等。因此，考虑到收入差别和消费水平差别，政府可实行差别定价的方式。

对于低收入阶层、社会弱势群体，政府根据财政补贴能力可以实行福利定价。这种消费价低于供给价，能有效保护社会弱势群体，提高社会的整体福利水平[8]。一般的做法是，政府以财政资金补贴，免费或部分收费地提供公用事业产品或服务。

对于某些产品或服务和某些消费群体，政府可以实行供给价定价。这种消费价等于供给价，不需政府财政补贴，由消费者的付费弥补了生产者的消耗。例如，居民承担的城市垃圾处理费用，就是这个行业的投标价格，即供给价。

对于享受高质量产品或服务的消费群体，政府根据同一产品或服务对不同消费者的使用效益，可以实行微利定价。这种消费价高于供给价，使政府财政上有所积累，使公用事业能实现可持续发展。例如，在电信领域，长途电话和国际电话的通话费率往往是本地市话费率的很多倍；在自来水行业，商业服务用水价格高于居民生活用水价格；在配电行业，商业用电价格高于居民生活用电价格；在客运系统中，飞机头等舱和火车卧铺的价格高于经济舱和硬座票的价格。

消费价的形成涉及到广大消费者的合法权益。因此，政府在指导制定消费价时，必须严格按照有关法律、法规规定的原则和程序进行，并根据有关法律、法规和协议的规定，定期调整消费价。在调整过程中要严格依法进行必要的质量调查和价格听证会，以维护消费者的合法权益。

消费价是在考虑了广大消费群体利益的基础上形成的，消除了因消费者承受不了的价格而造成的社会不稳定因素，实现了公用事业产品或服务的社会公平。

（四）政府管制下的价格形成机制

在政府管制下，公用事业特许经营产品或服务的价格形成，有其内在的形成过程。首先，在特许经营招投标文件的设计阶段，政府主管部门设计出科学的价格调整方法和程序；其次，多家投标企业经过特许经营招投标竞争供给价；再次，政府围绕中标企业提供的供给价，结合其他各种综合因素，制定消费价；最后，政府

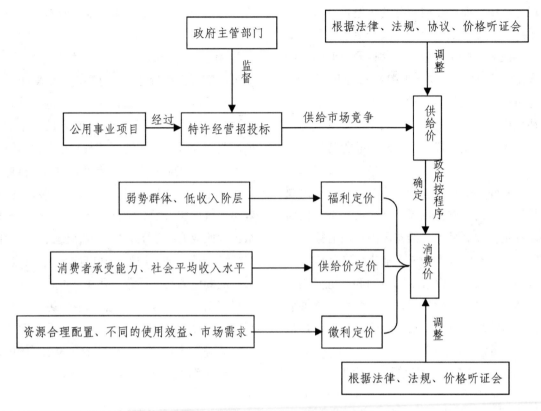

图2　政府管制下的价格形成机制

根据法律、法规和协议的规定,举行价格听证会,相应调整供给价和消费价。政府管制下公用事业产品或服务价格形成机制如图2所示。

五、结束语

十八届三中全会指出,"市场决定资源配置是市场经济的一般规律","实行以政企分开、政资分开、特许经营、政府监管为主要内容的改革,根据不同行业特点实行网运分开、放开竞争性业务,推进公共资源配置市场化"[9]。公用事业产品或服务的价格影响到千家万户,政府在协调政府、生产者、消费者三方利益关系时,起着决定作用。只有充分考虑各方的利益,才能最大限度地实现社会公平目标、效率目标和财务目标的平衡。通过公用事业行业供给与消费市场的分离,形成政府价格管制下供给价和消费价的分别确定机制,可使两个市场(供给市场和消费市场)健康地发展。⑤

参考文献:

[1] [9] 十八届三中全会《中共中央关于全面深化改革若干重大问题的决定》.

[2][4] 许光建,李秋准.市政公用事业特许经营中的价格管制问题研究.价格理论与实践.2004(4).54-55.

[3] 王俊豪等.中国自然垄断经营产品管制价格形成机制研究.中国经济出版社,2002.

[5] 王俊豪,周小梅.中国自然垄断产业民营化改革与政府管制政策.北京:经济管理出版社,2003.

[6] 于国安.基础设施特许权合约设计的经济分析.南京河海大学博士学位论文,2003.

[7] 钟明霞.公用事业特许经营风险研究.现代法学.2003,25(3).122-126

[8] 赵安顺.公用事业项目价格调整过程中应注意的几个问题.工业技术经济.2001,20(3). 70-71.

强强联手 缔造 CBD 传奇

—— 万科大都会装修工程施工纪实

张 炳 栋

（北京建工集团，北京 100055）

由北京建工集团总承包部与万科公司两大行业龙头倾力打造的万科大都会项目，位于国贸桥东南角，毗邻建外 SOHO、国贸中心，与央视大楼对望，坐拥三环之便利，俯瞰 CBD 之繁华。作为国贸黄金核心区的唯一高端私人官邸，不仅丰富了国贸商圈的使用功能，而且日后必将成为这一地段的标志性建筑。

工程建筑规模约 5 万平方米，层高 99 米，地上 27 层，地下 3 层，主楼为框架—核心筒结构，总造价约 1 亿元。总承包部承担了该工程的工程加固改造、外部装修、内部精装修及对机电系统进行全面升级改造的施工任务。

甲方万科公司的高信誉度与良好口碑，皆是以其严苛的"万科标准"为依托的，而这无疑也对我们的管理与施工作业提出了更高的要求。

一、严控过程保质量

通过严格的系统控制，有效解决了精装房质量稳定性、施工综合效率及绿色施工问题。"精装四化"、"飞行检查"都是甲方严把质量关的秘密武器。

质量目标的实现，是大量的分部、分项工程质量目标实现后的综合结果。通过对质量目标进行分解，制定相应的措施，抓过程保结果。以过程精品管理，来保证各分解目标的实现。工程前期甲方万科公司采取了边设计、边施工的模式。这种模式对于工期紧张，并需要尽快

实现建筑使用功能的工程十分适用。事实证明此种模式确实大大加快了工程的建设速度，我方本着战略合作和以业主为本的核心服务理念，在结构专业白图未出全的情况下，便提前进场开始工程的实质施工阶段。业主单位的另一个亮点就是将工程进行分块的效果设计，即不同的设计单位仅对自身承担的设计项目负责，而且只进行到效果设计，不对构件的详细做法做出明确。这样不仅节约了设计成本，对业主单位要求高端观感效果的实现也是非常有利的，而且这对我方强有力的深化设计能力是很好的发挥和展现。针对这一情况，我总包管理人员经常在施工现场指导施工，及时有效地解决现场遇到的问题，并随时保持与设计人员的沟通，探讨最优工程做法或者提供方便操作的施工方式。

另外，施工方面重点关注实测实量程序，以二次结构填充墙为例，实测实量的要点就是对砌筑完毕的墙体进行现场测量，包括墙体的平整度、垂直度等，这样做的好处就是极大地提高了工程的质量保证。

开工至今，工程的顺利进展在很大程度上也取决于业主单位孜孜不倦的敬业精神，业主单位对各参建单位的主要管理形式以会议形式出现，召集各方人员对所要解决的问题提出方案，提高工作的效率和质量。在会议召开方面，业主单位有着非常丰富的经验，从召开时间到会议地点，再到各会之间的时间衔接都做到了

缜密安排。这为工程各方商讨和洽谈提供了良好条件，为相关人员的沟通提供了坚实的桥梁。

二、狠抓成本促效益

由于施工过程中图纸变化随时发生，工程量的变化便不可避免，在这方面业主单位充分诠释了成本第一的管理宗旨。从设计方面，在寸土寸金的CBD核心地段，提高户内建筑面积便是业主单位追求的重点。本工程分户隔墙部位的做法便是最好的例证，根据施工图纸的原设计，分户隔墙部位的主构件为UBB屈曲支撑，屈曲支撑构件的外侧满封60毫米厚双面蒸压加气混凝土隔墙板，隔墙板再进行装饰装修做法，但隔墙板的位置会占用一部分户内面积。经业主单位研究，对UBB屈曲支撑四周的空间砌筑加气混凝土砌块加以封堵，这样一来，虽然阻碍了UBB屈曲支撑构件的抗震消能运动，但每户增加了近5平方米的建筑面积，按房价50000元/平方米来计算，每户多增加了近25万元的销售收入，可见小小的改动便能产生如此巨大的利润。

该工程从合同的签订，到过程中材料的认质认价、洽商变更的签认，到工程款的拨付，业主单位都有一整套完整的管理体系。例如采购材料前需向设计单位进行报验，设计认可后上报给监理咨询单位初审材料价格，然后在由业主单位采购部进行复审，最后由业主成本部定价。再例如：施工过程中发生的工程指令，需先上报业主项目部，然后再附测量记录及工程量计算书，签字认可后上报监理咨询单位初审，最后再由业主成本部门对工程指令发生的项目内容、工程量及价格进行复审。作为总包我们努力做到变更通过施工过程中与业主单位的沟通、配合，我们领略到了万科成熟的管理制度，我们也要把这种好的制度和体系应用到自己的工作中，以提高自身的管理能力，对内控制成本支出，对外扩大利润增长点。

由于业主单位的设计意图随时贯穿于工程的设计当中，这就产生很多已完工程量发生变更的情况。在这方面，业主单位尽量减少洽商和设计变更的数量，并且将相关的变更尽量合并到一份洽商或设计变更当中，且在对工程量的计算时严格按照洽商或设计变更的内容进行，对洽商或设计变更中需要配套施工的内容一律不进行计算，这样一来，业主单位既按自身的意图对工程做出了变动，又使得发生的费用最低，真正做到了品质与成本的双赢。针对上述情况，我们在办理工程洽商和设计变更时需要把所有的施工内容全部落到书面文字上，及时对材料价格、工程量等进行确认，提高了我们的精准管理能力和把握全局的主动性。

三、携手"大客户"实现二次经营

面对目前严峻的市场竞争态式，我们意识到要用精细化的管理满足业主需求，并最大限度地提升工程赢利能力。我们不仅积极贯彻响应总承包部"大客户"的经营理念，始终坚持"客户至上，服务第一"的精神，不断提高全员的"超值"服务意识。在努力与业主保持稳定的战略合作伙伴关系的同时，也获得了业主的全面认可与充分信赖。我们通过对施工生产、安全、质量、进度的全方位管理，并在过程中与业主单位积极配合，认真落实业主设计等相关单位有关工程建设的各项指令，确保业主和设计的意图在施工过程中得到圆满体现。本工程经过与业主方多次沟通、谈判，并积极磋商，最终确定由我方中标承揽（6~10层）第三标段工程的精装修工程，成功实现了二次经营。

面对精装行业这块巨大的产业蛋糕，只有凭借优秀的管理才能立于竞争的不败之地。我们要吸收借鉴这些优秀管理经验，并使之创造出的丰厚的效益和成果。本着对业主负责、对集团公司负责的态度，我们会继续积极采取切实有效的措施，狠抓建筑施工标准化管理各项工作的落实，为全面提升现场施工管理水平，坚持不懈地努力，争创精品工程。⑤

对我国房地产行业未来走势的思考

刘 真

（对外经济贸易大学国际经贸学院，北京 100029）

2014 年初，我国房地产行业的龙头杭州市德信北海公园楼盘每平方米降价 2000 多元，向市场推出特价"清盘"促销活动，降价后每平方米 15800 元的价格成为该房产项目销售史上的新低。德信地产此次的率先降价，引发杭州多个楼盘出现不同程度的降价风潮。此轮降价风潮，以每平方米 3400 元到每平方米 5000 元之间不等，8 折的降价幅度一时间对当地楼市造成巨大冲击。

一、当前我国房地产行业出现的新问题

伴随着中国经济十几年来的高速增长，中国房地产市场经历了连续十几年的行业发展黄金时代。安居才能乐业，房子作为人们生活的一个最基本的必需品，直接关系到老百姓的基本生活，甚至关系到社会的稳定。十几年来尽管我国房地产的投资规模不断扩大，但一路飙升的房价却让有购房需求的老百姓苦不堪言。往往在政府出台新一轮的调控措施下，市场短暂的观望之后，买房群体便恐慌入市，行业的畸形发展造成社会矛盾日益激化。尽管这期间政府采取一系列政策措施，如推出限购、控制银行信贷、出台国五条、加大保障房建设力度等，不断为房地产市场降温，以促进其良性健康发展。我国一二线城市的房价因为巨大的供需失衡，始终面临"越调越涨"的尴尬。核心城市

住房的绝对短缺，带动三四线城市房地产行业的发展。在一二线城市房价持续上涨的趋势下，三四线城市充足的市场供应，在一定程度上分流了一二线核心城市房价上涨的压力。房价的暴涨也造成大量房地产企业涌进三四线城市肆意开发，部分城市的房地产市场在疯狂的扩张中泡沫化现象严重。

由于土地出让是地方政府财政收入的一项重要来源，近年来"地王"的现象层出不穷。地方政府卖地的冲动造成很多三四线城市严重的房地产泡沫，一方面是大量土地被开发，另一方面则是建好的大量住宅迟迟不见买家，大量楼盘由于无人问津而空置，很多在建项目不得不停工甚至出现烂尾。2013 年，继鄂尔多斯、温州之后，我国江苏无锡、辽宁营口等地相继曝出类似"鬼城"，三四线城市的新建商品住宅价格出现持续稳步的下跌，房地产泡沫面临破裂，房产销售价格开始出现下行。尽管一二线城市房价仍然保持坚挺，但三四线城市房价下跌的出现说明全国楼市普涨的时代已经结束。

2014 年初杭州的地产降价潮，引发全国范围内房地产市场的波动。事实上，早在 2010 年，杭州市新房价格已经超越北京，以每平方米 25840 元的均价领跑全国，晋身中国城市房价新贵，对全国的房地产市场来说，杭州有着举足轻重的地位。

国家统计局5月18日公布的"5月份70个大中城市住宅销售价格变动情况"显示，与4月相比，70个大中城市中，新建商品住宅价格下降的城市有35个，持平的城市有20个，上涨的城市有15个，70个城市新建商品住宅价格平均环比跌幅为0.16%；而在二手住宅的价格方面，与4月相比，70个大中城市中，价格下降的城市有35个，持平的城市有16个，上涨的城市有19个。从公布的数据来看，新建和二手住宅价格环比下降城市个数均占到总量的一半，一线城市中，上海和深圳的新建商品住宅价格更是出现环比下降，降幅分别为0.3%和0.2%。二手房指数中，北京跌幅居全国第一。

与前两年炙手可热的房地产市场相比，当前我国国内房地产成交数据一路走低。不论是从成交量还是从库存、库存去化周期等指标来看，包括一二手住宅、商办物业在内，基本上都印证了当前房地产市场降温的态势。部分城市出现房价松动、房地产投资增速减慢、房地产销售额下降、新房开工量萎缩、土地交易降温等一系列的现象，市场看跌情绪严重，一时间业界唱衰中国房地产市场，互联网上呼唤房价大跌甚至暴跌的言论不绝于耳。国内外部分媒体也惊呼我国房地产泡沫即将崩溃，中国楼市危在旦夕。果真如此吗？

二、"崩盘"还是"假摔"？

事实上，"崩盘"一词的前提是整个房地产市场以投资者投机为主导，在投机者看空市场，对市场预期发生全面转变时，资金逐步被撤出，最终导致房产价格全面快速下跌。从2010年下半年开始，我国主要城市陆续推出限购政策，投资投机性需求相比之前已经受到大幅压制。尽管目前我国房地产投资增速减慢，杭州个别楼盘降价销售，部分城市房产泡沫严重，但并不能以此断言我国整个房地产市场崩盘的发生。

行业的发展一般具有周期性，有涨有跌是正常规律，房地产市场也不例外。我国的房地产市场在发展史上就曾经历过几次震荡。以2008年和2011年两次由政策主导的房价下降为例，由于我国政府出台相应政策以抑制房价过快上升，楼市就曾出现过暂时低迷，尽管短暂的低迷过后市场表现出的是强势反弹。与历史相比，2014年初房产市场的此次降价就显诡异：在没有政府明显的抑制政策推出的前提下，与2013年一线城市楼市的疯狂增长相对比，作为楼市的销售旺季，"五一"期间北京楼市首次出现近10年来成交量的大幅下滑，全国"五一"楼市54个城市总成交同比下滑32.5%。针对这些问题所产生的对房地产行业发展前景的担忧也实属正常。事实上，本轮"降价风"并未真正刮到一线城市，从表面上看，北京一些新入市的项目看似下调了售价，但这仅仅是参照之前预期的报价，相比其前期价格，房价实际略微上涨，最多平价入市，并没有出现大面积实质性降价的现象。看似"崩盘"的表象下，房价"假摔"的表现更加明显。

房地产行业的发展关联多个产业，与钢铁、水泥、化工等上游行业和汽车、家用电器、家具、装潢材料等下游行业息息相关。据统计，房地产及其关联行业对整个经济的贡献率高达16%，房地产行业的发展与宏观经济之间联系密切，可以说，我国目前还没有找到一个能够替代房地产来如此快速拉动国民经济的行业。2013年的我国政府收入达到17万亿元，其中税收为11万亿，土地收入为4.1万亿，土地收入超过政府收入五分之一，特别是对地方政府来说，财政收入的很大一部分仍来源于房地产。2013年我国经济增长率为7.7%，预计2014年经济增长速度仍将保持在7%到7.5%，为保证政府收入以及实现经济增长率7%左右的目标，我国政府在未来必然还是会运用其独有的资源优势，加强对国民经济的支柱性产业房地产的调控力度，掌控房地产行业的健康发展，决不会允许楼市崩盘现象的发生。

从房地产的商品属性来看，其需求目前仍保持在高位。城镇化的迅速发展，每年所带来的新增常住人口大约在 1700 万；据统计，目前我国 23 岁到 27 岁的结婚适龄群体在城市中约有一亿；未来我国高储蓄人口在很长一段时间内仍保持在较高水平，这都构成了对住房旺盛的自住性需求。再者我国居民投资渠道有限，住房本身兼具投资和消费属性，投资性需求推高旺盛的刚性需求。从供给方面来看，土地本身作为一种稀缺资源，其供给数量有限。由经济学供给原理可知，在供给总量受限，市场需求总量不断提高的情况下，房价将不断推高，未来房地产行业的崩盘的可能性很小。

根据户籍计算，我国当前的实际城市化率为 38% 至 39%。据预计，我国城市化率将在 2020 年达到 60%，2030 年彻底完成城市化进程。一旦达到后工业化阶段，由于城市化进程的推进，房地产市场的崩盘的可能性更是微乎其微。从国际上的经验来看，美国、日本和香港等典型经济体在城镇化加速阶段，房地产业增加值占经济总量的比重都在 10% 以上。在未来较长的一段时期，房地产行业仍然会在我国的经济发展中起到基础性作用，因此我国不存在房地产崩盘的风险。

相比前几年的房产销售的火爆场面，房地产行业的黄金时代已经过去。中国的房地产行业从起步开始，发展壮大到现在，整个行业约有 3 万多家房企。由于当前部分城市严重的房地产泡沫的破裂，加上政府方面近年来严厉的调控措施，在市场的优胜劣汰下，一些经营不善的房地产企业被迫破产退出，但是我国的房地产行业在未来几十年内仍然是有利可图的行业。

2013 年 12 月中央城镇化工作会议表明了政府对推进新型城镇化的重点关注。中小城市作为我国未来城镇化发展的重点和方向，将产生巨大的房地产需求，加上未来土地改革等一系列具体政策的落地，这将给行业竞争中存活下来的房地产企业的发展带来巨大的机遇。

在政府调控政策持续，房地产行业竞争加剧的趋势下，那些资本结构单一，抵御风险能力差，开发能力不足的中小房地产企业由于难以适应行业发展要求，将被逐渐淘汰出局；那些财务方面稳健，资本杠杆经营合理，对抗行业周期波动能力较强的房企，将发展成为未来主流开发商。新型城镇化基础设施建设规模化、高效化、标准化的特点，也要求未来房地产企业规模化的开发。在企业的优胜劣汰下，市场集中度提高，行业整合是未来必然的趋势。

三、我国房地产行业的未来走势

我国房地产市场在发展史上曾经历过 2008 年和 2011 年的市场低迷，这两次的降价，都是由于当时政府出台政策措施以抑制飙升的房价。年初以来，杭州楼市的此番降价是由市场力量所主导的，究其本质，过量的库存和激烈的市场竞争使得开发商不得不通过降价促销来吸引消费者，以提前回笼资金，解决财务困境。从近几个月的楼市数据来看，我国楼市已经进入新一轮调整期，全国房价整体仍然存在下行预期。在国家稳增长、货币定向放松、首套房贷利率基本无折扣的外部环境下，房地产市场的降温态势可能会进一步持续。调整期过后将是未来房价的回归，我国房地产行业的未来走势主要将呈现出以下几个特点。

（一）一二线核心城市房价平稳上涨

在我国政府的调控下，未来一二线核心城市的房地产将继续呈现平稳上涨的趋势。理由主要有几点：

（1）一二线核心城市集中了大量的政治、商业、教育医疗、人力等社会资源，其拥有的完善的城市公共基础设施是其他中小城市所无法比拟的。以北京为例，作为全国的政治文化中心，北京集聚了大量的优质资源。相比其他城市，北京每年能够为外来人口提供更多的就业岗位和发展机会。发达的公共服务水平和稀缺的优质资源每年吸引大量的外来人口，而外来人口的大规模集聚也带来巨大的住房需求。就目前而言，我国户籍政策在短期内还是无法改变，房产与优质的稀缺资源的对等关系短期内无仍法打破。未来很长一段时间内，户口、学区等资源的调配往往与住房有关，这种连带的效果使得买房不单为满足家庭的居住或投资需求，更大一部分而是满足对特定优质资源的占有需求。旺盛的刚性需求和城市有限的住房供给必然会导致一二线核心城市未来上行的住房价格。

（2）房产本身作为一种投资品，本身具有投资物清晰、投资模式简单、风险小的特点。而且就目前阶段来讲，它的收益率高过银行贷款利息，投资收益相比其他渠道仍然较高。大量的投资需求一定程度上助推了我国一二线核心城市未来的涨势。

（3）从经济学原理的角度来说，一件商品价格的涨跌除了供给和需求之外，还取决于人们对于商品未来价格的预期。人们越是相信价格会涨，市场期望值也就越高。一二线核心城市的房价由于前两年的大幅上涨，投机行为已经明显减少，市场购买热情减弱。随着前期出售的土地在未来能够预售，将进一步影响市场情绪，加上未来政府方面推出的保障房和自住型住房数量的进一步增加，住房供给有效增加，所以说在国际形势和国内政策不出现特殊变化的前提下，我国一二线核心城市的房地产在未来还是将以平稳的趋势上涨。

（二）三四线中小城市房价走势出现分化

在前两年房地产市场暴利的吸引下，同时因为一二线核心城市的房产开发过程的复杂，大量房地产企业为抢占市场，涌进三、四线城市，造成目前很多三、四线城市出现住房存量较大

的情况。我国未来三四线城市的房价将进入调整期，走势也呈现出分化趋势：

（1）对于那些位于大城市周边，拥有优越地理位置的三四线城市，房价将面临升温趋势。这些中小城市靠近经济发达的中心城市，受中心城市辐射较强，具有承接产业转移、分担中心城市人口压力的特点。特别是在未来传统的一线核心城市北京、上海、广东、深圳房价稳中有升的趋势下，那些无法承担高额房价的群体在选择从这些一线城市逃离，转移到生活质量更高的二线城市甚至是三四线城市时，这类中小城市将成为其选择。另一方面，随着未来城镇化水平的逐步提高，作为农民进城的落脚点，也会对这类三四线城市的房产产生较大的需求，因此在未来这类三四线城市的房价将呈现继续上涨的趋势。

（2）对那些经济发展水平落后，配套设施较不成熟，目前仍是劳动力大量输出的三四线城市来说，这类城市的房价将出现下行的局面。由于这些地方的房产需求本来就不大，自身经济发展也不是很好，有购房需求的人口增速较慢。在前两年土地财政的驱动下，大量供地造成巨大的房屋供应。同时，发展程度不高导致住房需求方面跟不上，最终供过于求，导致这类三四线城市房屋销售不畅的状况日益严重。部分住房存量较大、市场消化速度相对不足的三四线城市将不得不通过大幅降价，以吸引消费者，缓解流动性方面的风险。

（三）保障房和自主商品房供应大幅增加，缓解商品房市场需求

2014年，我国政府工作报告中对房地产业这样描述："完善住房保障机制。以全体人民住有所居为目标，坚持分类指导、分步实施、分级负责，加大保障性安居工程建设力度，今年新开工700万套以上，其中各类棚户区470万套以上，加强配套设施建设。提高大城市保障房比例，推进公租房和廉租房并轨运行。各

级政府要增加财政投入，提高建设质量，保证公平分配，完善准入退出机制，年内基本建成保障房480万套，让翘首以盼的住房困难群众早日迁入新居。"以北京市为例，2013年北京市在加大保障房建设力度方面，提供了7万套保障房，2014年要有47万平方米的保障房，同时135万平方米的共有产权房，这些都将大幅增加市场供给的力度。据北京市住建委发布，2013年北京市自住型商品房已经供应了2万套，2014年则要供应5万套，7万套的总量已经接近2012年北京市新房的年成交量。

棚户区改造作为保障房建设的一项重要内容，可以预见，在2014年及以后一段时间内，在一些典型的二三线城市，棚户区的改造速度和规模将明显提高。在提高大城市保障房比例方面，政府将继续增加保障性住房供应规模，增加保障性覆盖人群，以逐渐满足中低收入人群的居住需求。可以说，在未来，我国房地产行业由政府主导的保障房和自主商品房供应将大幅增加，可有力缓解商品房的市场需求，促成未来房价的合理回归。

综上所述，我国房地产行业经历了十几年的黄金时期之后，房价暴涨时代引发的非理性开发所导致的房地产市场泡沫开始破裂，2014年初杭州地产此轮的降价潮，显示出行业当前出现的新问题。几年前全国楼市普涨的时代在未来将一去不复返。房地产市场调整的原因是多方面的，经济金融增速调整、供求关系发生转变、房价已经处于高位、城镇化方式改变以及居民收入分配差距缩小等都利于我国未来房价的理性回归，仅凭当前的市场表现就唱衰我国的房地产市场的观点缺乏合理依据。未来很长一段时间内，房地产业仍将是我国国民经济的支柱性产业，房地产市场不会出现崩盘现象。未来的房价回归作为经济发展规律的必然结果，将不但有利于打破土地财政和数量扩张的经济增长"怪圈"，更有利于形成合理的物价结构，

以及我国经济发展方式的转变。

未来城镇化进程的加速，为我国房地产行业带来巨大机遇，行业整合、市场集中度加强将是行业未来发展趋势。房地产行业在未来的走势将进一步呈分化趋势，一二线核心城市的房价由于供需方面的严重失衡，将继续面临上涨趋势。三四线城市的房价也面临分化，发展潜力较大的中小城市房价将会进一步升温；而目前库存量较大、消化能力较差、经济发展水平相对落后的三四线城市房价将出现下降。保障房和自主商品房供应的大幅增加，将有力缓解商品房的市场需求。从政府方面来说，充分尊重市场规律，发挥经济变量的作用，完善房地产市场体系，稳定增加商品住房供应，增加保障房和自主商品房供应，从供需上调节房地产业，满足市场的多样化住房需求将是其未来政策选择。⑤

参考文献：

[1] 吴其伦. 2014年中国房地产趋势预判 [J]. 上海企业，2014(2): 53.

[2] 秦虹. 房地产的结构性机会 [J]. 中国房地产业，2014(Z1): 18-21.

[3] 陈劲松. 下半场，分化的时代 [J]. 房地产导刊，2014(1): 36-37.

[4] 邱少君. 我国房地产市场的分红及其趋势 [J]. 中国房地产，2014(7): 33-35.

南京国民政府时期建造活动管理初窥（六）

卢有杰

（清华大学建设管理系，北京 100089)

军政部于 1929 年 3 月 30 日公布了《军政部营缮工程监督规则》。凡营缮工程，无论自营，还是招商承包，在工程期间内均应由军需署直接或委托其他机关派员按照设计图样、说明书与合同所订条件切实监督。监工员须当场严行监视，不得擅离工作地点。如工人对于设计图样或说明书有不明之处，应切实指导之。监工员应逐日填具监工报表呈军需署营造司或其他委托机关查核。监工员应详细检查到场的建筑材料。倘若与原定样品不符，或以劣货混充，或施工时违背图样作法，偷工减料等，应即刻纠正并呈报核办。对于基础，若发现地质情况异常，应变更原设计，指示工人按变更施工，较大变更应呈报核办。监工员应要求承包人将工头、工人姓名、年龄和籍贯造册呈报军需署营造司或其他委托机关备案。倘若工人怠工、酗酒、赌博或不听指示，监工员有权处理，严重者呈报核办。监工员若舞弊或受贿，一经发现或有人举报，收受双方都要惩办。军需署或其委托机关收到监工员及承包人完工报告时，应派员到现场检查。较大工程应由军政部或转请审计部共同派员检查。在建筑期间亦应随时派员前往检查，检查时监工员和承包人应到场。检查应按照设计图样及说明书类纸并合同所订条件切实进行，不符之处应呈报核办。完工且检查合格并呈报核准者，由军需署营造司或其委托机关向承包人颁发工程完竣证明书。凡营缮工程的各军事机关及各部队长官对该工程有督察之责。[238]

军政部还于 1935 年 2 月为直营工程制订了《军政部直营工程监工规则》，该规则与前述南京市工务局 1927 年《监工员服务规则》类似。[244]

（三）监督人员来源

各种公私建筑工程，都由起造机关或起造人自行选定监督人员。例如，上海中央信托公司 1934 年为在汉口和上海建造楼房，致函同济大学，希望于该校新老毕业生中招聘监工人员：

"本公司在汉口建筑水泥七层大厦，约六月下旬开工，工程期限约十六个月。又在上海建三层洋房，约六月上旬开工，工程期限约五个月。拟聘监工员每处一人，贵校土木科新旧毕业生，学优品良；而欲担任此事者，请推荐数人，以便选聘。"于是，校长翁之龙将此函登载于校刊，请有意者到校秘书处报名。[248]

许多情况下，起造机关或起造人聘请设计建筑物或其他构筑物的建筑师或工程师承担监督承造人的工作。

1925 年 9 月 20 日，孙中山先生葬事筹备委员会采纳了吕彦直的图案后，随即聘其为中山陵的建筑师，很重要的任务是到现场监督并确保承造人依合同要求完成该工程。[185]

八、同业公会

（一）概述

国民政府成立后，开始整顿工商业团体，

重新修订并公布了《商会法》，行政院于1929年8月17日公布了《工商同业公会法》（文献[240]行政院公报1929年第75期法规第10-12页），工商部1930年7月25日修正公布了《工商同业公会法施行细则》（文献[241]广东省政府公报1930年第125期中央法规第5-6页）等，以行政和法律手段，将原有各种工商同业团体统一改组为同业公会，并将它们置于地方政府的监督之下。按《工商同业公会法》的规定，凡同一区域同业企业行号在7家以上时，须依法组建同业公会。同业公会若违背政府的法令，或妨害公共利益，地方当局有权下令解散公会。全国各地的营造业（建筑业）同业公会也在这一过程中先后成立（表34）。

（二）各地情况

1、上海市

建筑事业既趋繁荣，从业者即日众，因事实上有团结之需要，建筑业团体乃产生。上海现有建筑团体凡三。一曰上海市建筑协会，一曰上海市营造厂业同业公会，一曰中国建筑师学会。[12]

（1）上海市营造工业同业公会

光绪二十三年（1897年）成立的"水木土业公所"，于1930年初奉令改董事制为委员制。同年3月，改称"营造厂业同业公会"。张晓卿、赵桂林等为常务委员。会所设于安仁街硝皮弄

各地营造业（建筑业）同业公会举例　表34

	名称	成立或备案日期
1	汉口市营造业同业公会[249]	1930年12月
2	无锡县建筑业同业公会[250]	1931年7月16日
3	松江县营造业同业公会[251]	1933年7月26日
4	北平市建筑业同业公会[252]	1934年4月18日
5	杭州市建筑业公会[253]	1935年2月19日
6	永嘉县泥水业公会[254]	1935年4月8日
7	永嘉县石铺业公会[255]	1935年4月8日
8	宿县木厂业同业公会[256]	1936年2月10日
9	闽侯县建筑业公会[257]	1936年
10	蒲圻县泥木业同业公会[258]	1938年7月19日

105号。同年，该会经批准成立学术交流机构"上海建筑协会"，发行刊物，广播建筑知识。1936年，该会代表人为张效良。抗战时中止会务。

汪伪时期，该业奉命改组，经核准于1943年9月11日成立上海特别市营造厂业同业公会。朱德山等9人为理事，姚文俊为理事长。下设总务、组织、财务、调查、宣传5科。1944年9月改选，姚文俊连任理事长。

抗战胜利后，1945年10月市社会局令张继光、江长庚等3人为整理委员改组公会。次年4月27日成立上海市营造工业同业公会，选张继光为理事长。下设秘书、总务、财务、组织、设计、调查、调解、福利、交际9科。有会员单位192家。民国36年，张继光仍为理事长，会址仍在安仁街硝皮弄105号。[259]

（2）上海市建筑协会

该会系上海市建筑业者共同组织之学术团体。1934年时有会员150余人，包括建筑师、营造家，以及建筑材料商等。常年经费45000元，设会所于上海南京路大陆商场六二〇号，办有建筑月刊及正基工业补习学校，并组织建筑学术讨论会暨建筑学术研究班，研究气氛颇为紧张，趣味亦颇浓厚。

（3）中国建筑师学会

该会由上海建筑师学会扩充而成。上海建筑师学会成立于1927年冬，为在沪执行业务之建筑师集团。自改组以后，设分会于南京，正会员38人，仲会员16人，十分之七在沪职（执）业。出版《中国建筑》杂志，会址在南京路大陆商场四楼。

（4）建筑学术刊物

上海市为人文荟萃之区，文化事业较为发达。客肆林立，刊物充栋。出版界颇呈活跃气象，而近一年来因社会不景气之狂流所荡，营业竟一落千丈。与此时会，为出版界生不少活气者，则为建筑书籍之勃兴，上海市建筑协会暨中国建筑师学会，

且刊行定期刊物焉。

① 建筑月刊

上海市建筑协会所发行。……执笔者，建筑业者及专家数十人。内容：建筑图样、著作、译述、摄影，以及材料价目、建筑界消息等，颇称完美，出版适一年，闻国内各地工务机关、工程人员均相订阅，且厂商刊登广告特多，故能逐渐改进。

② 中国建筑杂志

出版者，中国建筑师学会，继建筑月刊之后而发刊，内容与建筑月刊相仿佛，亦颇精彩……" [12]

2、武汉

1915 年，汉口有泥水公所、砖瓦公所、营造公所各 1 处。

1929 年，汉口市政府颁布工商业同业公会法，泥木作坊成立泥瓦公会，推孙国栋为主席。至此，鲁班阁、土皇宫的作用逐步为同业公会所代替。

1931 年 2 月 19 日，汉口营造业同业公会在汉口智民里 19 号正式成立，到会代表 78 人，推李俊臣为理事长。同业公会隶属于汉口市商会，受汉口社会局领导，其职能是传达政令，协助税收，反映同业要求，维护行业和厂主的正当权益。同业公会由理事长主持日常事务，下设秘书、会计、事务等员，连同勤杂共约七八人，其经费由各营造厂缴纳的会费内开支。凡在本市开业的营造厂均须参加，并按营造厂注册登记的等级交纳会费。参加后享有选举和被选举权，选举权大厂一票当几票，小厂几个厂只有一票，称为权证。1933 年 12 月 29 日进行第一次改选，会员代表 94 人选出执行委员 7 人，监委 3 人，明昌裕厂主周世昌被选为同业公会主席。

1938 年武汉沦陷，同业公会停止活动。1940 年 8 月，伪市政府重新成立同业公会，汉兴昌厂主鲁方才被选为理事。

1946 年 3 月，举行抗战胜利后第一届选举大会，其时会员共 483 户，彭荣太厂主彭耀棠被选为主席，会址在汉口吉庆街 16 号。1948 年 4 月，政府令营造业同业公会退出市商会，加入市工业公会。同业公会在改选时发生争执，后经调解，适当分配理、监事名额才告平息。同年 6 月，改称为武汉营造工业同业公会，直到武汉解放。[43]

3、北平市

1931 年 4 月，"北平市建筑业同业公会"成立，[253] 1932 年北平市加入建筑业公会的营造厂约一百六十余家，加入木业公会的木商约四十余家。[260]

4、南京市

南京市于 1941 年成立营造业同业公会，隶属于南京市社会局。由张萱荣任筹备主任。曾制订业规和章程。后来因无活动而自动解体。1946 年 5 月，由陶桂林等发起筹建同业公会，于同年 6 月召开成立大会，推选 15 名理事，陶桂林当选理事长。同业公会成立后，制订了公约和业规。并开展的主要活动有为会员登记、公订标单；开办会员福利、协调瓦木工人工资；出版《营造旬刊》、《营造年鉴》；办理工程、登记；交涉承包工程待遇；要求业主按比例提高工价；筹建公所等，维护了会员利益，推动了同业间研讨、交流和传递信息。1947 年为推动《全国营造业同业公会联合会》的成立做出了重大贡献。1948 年，该会自动解散。[261]

5、全国营造业同业公会联合会

1947 年，南京市营造业同业公会提议成立"全国营造业同业公会联合会"（简称"全国营联会"），立即得到了上海、汉口等地的营造业同业公会的响应。1947 年 5 月 10 日，在南京市的"首都银行公会"会所举行了全国营联会发起人会议，有 22 个营造业公会派代表参加。1947 年 7 月 10 日在南京洪武路介寿堂举行成立大会。南京市营造业同业公会、上海市营造业同业公会、青岛市建筑工程同业公会、天津市建筑工程同业公会、汉口市营造业同业公会、武昌市营造业同业公会、汉阳县营造业同业公会、长沙市营造业同业公会、广州市建筑工业同业公会、杭州市营造业同业公会、无锡县营造业同业公会、吴山县营造业同业公会、吴县营造业同业公会、武进县营造业同业公会、沈阳建筑工程同业公会、桂林营造业同业公会、重庆营造业同业公会和镇江营造业同业公会派出了六十六人出席大会，陶桂林当选理事长。[262]

（三）营造业同业公会宗旨和作用

1932 年 8 月公布的"上海市营造厂业同业公会业规"在全国各地营造业公会中有代表性，从中可清楚地看出这种公会的宗旨和作用。其中第二条是"本业规以维持增进同业之公共福利及矫正营业之弊害为宗旨。"

第三条要求"凡在上海市区域内经营营造厂业者无论会员与非会员须一律遵守之"。

第五条规定"工程开始后如中途变更图样、章程，或增减工料情事，发生纠葛时，本会得以双方之同意派员秉公调处。"

第七条要求各家会员"营业时应遵守以下各点。

甲、不得谋挖承包之工程。

乙、建筑时不得偷工减料致碍同业信誉。"

第十条规定"工人受雇时应遵守以下各点：

甲、各项工资如须增减，由本会会同各区建筑工会议定实行。

乙、工人如有无端妨碍工作等事，厂主得报告本会函知工会转行劝诫。"

第十一条中说"凡同业中有违反……各条规定，致影响同业营业，经调查属实者，由本会议具处罚制裁办法，呈请社会局核办。"

该业规还有一个附注："本会向例，凡同业于营业开始时，均须先向本会请领执业证书，并须有同业二人以上之介绍证明，审查合格方可给协开始营业。今经本会将业规订正呈准备案。凡吾同业，其有未曾请领执业证书者，速须来会补领。其余各条，均须遵守，以符定章，

是为至祷。"[263] 显然，这种同业公会一方面维护竞争，另一方面也有垄断的作用。

九、未结束语

南京国民政府实际上处于内外情况非常困难的一个时期，特别是日寇侵华，打断了实现孙中山建国大纲宏伟蓝图的进程，虽然同北伐胜利前相比，该时期的建设事业取得了不小的成绩，但是，不能盲目地称其为"黄金十年"。

正如本文开头时所说，本文只涉及了当时各级政府建造事业管理的一部分。还有很多地区和方面没有涉及，至少以下问题还应涉足或深入研究：

（1）"九一八事变"落入日寇之手东北三省、内蒙古、热河等地区；

（2）卢沟桥事变后沦陷的地区，包括在汪精卫南京伪政府统治的地区；

（3）将那一时期的各种管理机构、规则和做法，包括工程采购方式与合同文件，与当时发达国家比较，寻找我国加入经济全球化过程的历史足迹；

（4）将上述事项与我国目前的情况比较并加以分析，寻找我国目前建造活动管理中存在的各种问题的历史根源。

为了写出本文，笔者努力收集资料，但毕竟能力有限，能够获得的资料不多、不全，甚至互相矛盾，因此文中免不了挂一漏万，张冠李戴，但笔者尽量尊重文献的记载，绝不主观臆断。尽管如此，错误在所难免，望读者不吝批评。⑤

（全文完）

参考文献

[12]《时事大观》1933 年 -1934 年第 427-429 页"一年来上海建筑业".

[43] 武汉地方志编纂委员会办公室编，《武汉市志·城市建设志》下卷，建筑安装，武汉大学出版社，1996 年 6 月.

[248]《国立同济大学旬刊》1934 年第 23 期布告第 4 页

[249]《新汉口》1931 年第 9 期第 99 页本市各业同业公会改组之经过

[250]《实业公报》1931 年第 38 期附录第 146 页核准备案工商业同业公会一览表（七月份）

[251]《实业公报》1933 年第 109-110 期附录第 6 页核准备案各同业公会一览表（七月份）

[252]《实业公报》1934 年第 185-186 期附录第 146 页核准备案工商同业公会一览表（二十三年四月份）

[253]《实业公报》1935 年第 226-227 期合刊附录第 160 页核准备案工商同业公会一览表（二十四年二月份）

[254]《实业公报》1935 年第 239-240 期合刊附录第 103 页核准备案工商同业公会一览表（二十四年四月份）

[255]《实业公报》1935 年第 239-240 期合刊附录第 103 页核准备案工商同业公会一览表（二十四年四月份）

[256]《实业公报》1936 年第 272 期附录第 69 页核准

备案工商同业公会一览表（二十五年二月份）

[257]《实业公报》1936 年第 301 期附录第 75 页核准备案工商业同业公会一览表（二十五年九月份）

[258]《经济部公报》1938 年第 14 期附录第 684 页经济部核准备案之同业公会一览表（二十七年七月份）

[259]上海市工商业联合会《上海工商社团志》编纂委员会，上海工商社团志，上海社会科学院出版社，2001 年 9 月，第二篇同业公会第二章工业同业公会选介第六节水泥、砖瓦、营造业

[260]王世仁、张复合、村松伸、井上直美主编《中国近代建筑总览·北京篇》，中国建筑工业出版社，1993 年 12 月，北京

[261]江苏省地方志编纂委员会，《江苏省志·建筑志》，江苏古籍出版社，2001 年 12 月，第六章建筑业管理第一节管理机构三、同业公会、联合会第 497 页

[262]《建筑评论》1947 年第 1 期第 46-49 页

[263]《工商半月刊》1932 年第 4 卷第 15 期

（上接第 99 页）核心的地位，导致中国企业在整个产业链之中没有发言权，这才导致外国企业可以肆无忌惮地对中国企业进行挑衅和打击。随着中国科技的发展进步，中国企业对科技的研发也越来越重视。相信在不远的将来，我们看到的将不再是单个企业的单打独斗，而是中国企业的整体协作。那样中国企业的国际化进程才可以走得更远，面对各种挑战和威胁才会更加有底气去应对。

四、结语

面对挑战，企业反击的根本在于自己的核心竞争力，比如研发能力强、拥有自主知识产权和核心技术的高端产业领域的制造企业海尔、联想、华为、中兴、TCL、海信，随着专利实力的增强，在全球市场的地位和影响力也发生了巨大变化。他们凭借自己高质量的专利和实实在在的技术获得信任和市场，以此建立起国际化的品牌。

同时面对发达国家制定的游戏规则，我国的企业本来就处于弱势，因此中国企业在进入国际化的过程中，面对挑战应对的技巧就是不仅要熟悉国际游戏规则，更要善于利用这些游戏规则维护自己的合法权益。比如中兴公司近年来受美国"337 调查"6 起，从 2013 年 12 月至 2014 年 3 月，中兴通讯在美国已经连续赢得对 TPL、IDCC、Flashpoint 的"337 调查"终裁胜诉。

高科技领域的制高点竞争，已经不仅仅局限在企业之间，更会扩展到政府之间甚至民间。面对进入目标市场的政治障碍，要想获得对方的信任，首先必须明白背后的政治考量和经济利益，实现经济利益的融合、文化的融合，在国际化的进程中走得更远，获得更多的话语权。⑤

中国建筑工业出版社

2015 年版全国二级建造师执业资格考试图书

序号	书号	书名
全国二级建造师执业资格考试大纲		
1	24678	二级建造师执业资格考试大纲（建筑工程专业）
2	24679	二级建造师执业资格考试大纲（公路工程专业）
3	24680	二级建造师执业资格考试大纲（水利水电工程专业）
4	24681	二级建造师执业资格考试大纲（矿业工程专业）
5	24682	二级建造师执业资格考试大纲（机电工程专业）
6	24683	二级建造师执业资格考试大纲（市政公用工程专业）
全国二级建造师执业资格考试用书（第四版）		
7	26176	建筑工程管理与实务
8	26177	公路工程管理与实务
9	26178	水利水电工程管理与实务
10	26179	矿业工程管理与实务
11	26180	机电工程管理与实务
12	26181	市政公用工程管理与实务
13	26182	建设工程施工管理
14	26183	建设工程法规及相关知识
15	26184	建设工程法律法规选编
2015 年版全国二级建造师执业资格考试辅导		
16	26185	建设工程施工管理复习题集
17	26186	建设工程法规及相关知识复习题集
18	26187	建筑工程管理与实务复习题集
19	26188	公路工程管理与实务复习题集
20	26189	水利水电工程管理与实务复习题集
21	26190	矿业工程管理与实务复习题集
22	26191	市政公用工程管理与实务复习题集
23	26192	机电工程管理与实务复习题集

序号	书号	书名
		2015 年版全国二级建造师执业资格真题汇编及解析
24	26193	建设工程施工管理真题汇编及解析
25	26194	建设工程法规及相关知识真题汇编及解析
26	26195	建筑工程管理与实务真题汇编及解析
27	26196	公路工程管理与实务真题汇编及解析
28	26197	水利水电工程管理与实务真题汇编及解析
29	26198	矿业工程管理与实务真题汇编及解析
30	26199	机电工程管理与实务真题汇编及解析
31	26200	市政公用工程管理与实务真题汇编及解析
		2015 年版全国二级建造师执业资格模拟试题及解析
32	26201	建设工程施工管理模拟试题及解析
33	26202	建设工程法规及相关知识模拟试题及解析
34	26203	建筑工程管理与实务模拟试题及解析
35	26204	公路工程管理与实务模拟试题及解析
36	26205	水利水电工程管理与实务模拟试题及解析
37	26206	机电工程管理与实务模拟试题及解析
38	26207	市政公用工程管理与实务模拟试题及解析
		2015 年版全国二级建造师执业资格高频考点精析
39	25144	建设工程施工管理高频考点精析
40	25145	建设工程法规及相关知识高频考点精析
41	25146	建筑工程管理与实务高频考点精析
42	25147	机电工程管理与实务高频考点精析
43	25148	市政公用工程管理与实务高频考点精析
		2015 年版全国二级建造师执业资格轻松过关
44	25149	建设工程施工管理考点精要
45	25150	建设工程法规及相关知识考点精要
46	25151	建筑工程管理与实务考点精要